九州文库

理解焦虑

——基于认知机制

姚泥沙　著

九州出版社
JIUZHOUPRESS

图书在版编目（CIP）数据

理解焦虑：基于认知机制／姚泥沙著．--北京：九州出版社，2024.9.

ISBN 978－7－5225－3368－1

Ⅰ.B842.6－49

中国国家版本馆 CIP 数据核字第 2024F29025 号

理解焦虑：基于认知机制

作　　者	姚泥沙　著
责任编辑	肖润楷
出版发行	九州出版社
地　　址	北京市西城区阜外大街甲 35 号（100037）
发行电话	（010）68992190/3/5/6
网　　址	www.jiuzhoupress.com
印　　刷	唐山才智印刷有限公司
开　　本	710 毫米×1000 毫米　16 开
印　　张	13.5
字　　数	128 千字
版　　次	2025 年 1 月第 1 版
印　　次	2025 年 1 月第 1 次印刷
书　　号	ISBN 978－7－5225－3368－1
定　　价	85.00 元

序

焦虑障碍是一种常见的心理障碍。对焦虑障碍病理机制的研究常以特质焦虑的认知机制作为切入点。以往研究多强调对外界威胁性线索的注意偏向在焦虑障碍的发病与维持中扮演重要角色。然而，近来研究表明焦虑与对外界威胁性线索的注意偏向之间的关系不稳定，而且，缺乏证据支持两者之间的因果关系。一些理论及实验研究认为在探讨焦虑的认知机制时应考虑执行功能的作用。目前在此方面尚缺乏系统性的实验研究。

视觉工作记忆作为执行功能的重要成分，其注意控制功能可帮助维持目标加工、抑制无关干扰，视觉工作记忆资源为认知活动提供支持，而且视觉工作记忆内容能够自上而下地对注意分配产生影响。基于此，本研究聚焦于视觉工作记忆功能，分三部分进行研究：研究一主要关注特质焦虑者在工作记忆编码及维持阶段加工情绪面孔刺激时的注意控制功能。研究二主要考察特质焦虑者在加工情绪面孔时的视觉工作记忆资源水平。研究三主要关注特质焦虑者对情绪面孔的视觉工作记忆对其选择性注意的引导效应。通过三部分研究，本研究希望以更整合的思路探讨特质焦虑者对威胁性信息的认知加工偏向及其潜在的认知机制。

研究一主要考察了特质焦虑者加工情绪面孔时的注意控制功能。结果显示，特质焦虑对视觉工作记忆中的注意控制功能具有阶段性、整体性的影响。首先，在工作记忆维持阶段，特质焦虑偏高者难以有效的根据线索提示选择性地加工目标、排除无关工作记忆表征，表现出对内在工作记忆表征的广泛性的抑制控制能力不足，而非仅针对威胁性的工作记忆表征存在控制不足。其次，在工作记忆编码阶段，特质焦虑偏高者可以根据线索提示有效地选择性加工目标刺激、排除无关的外界信息输入。以往研究多关注对特质焦虑者对外界环境中刺激的反应，而本研究则分别对特质焦虑者对内在工作记忆表征及外界信息的选择性加工进行考察，发现特质焦虑者对内在工作记忆表征的注意控制不足，并探讨其在焦虑发生及维持中的作用。

研究二主要考察了特质焦虑者加工情绪面孔时的视觉工作记忆资源水平。结果显示，特质焦虑对个体加工情绪面孔时的视觉工作记忆资源调用有一定的影响，表现为特质焦虑对针对情绪面孔的视觉工作记忆容量有一定损伤，但对其精确度无显著影响。不同于以往研究仅强调焦虑与工作记忆容量之间的关系，或者仅考察焦虑个体对简单刺激的容量水平，研究二根据视觉工作记忆领域的进展，在考察工作记忆资源时纳入容量-精确度代偿的思路，以情绪面孔为材料，分别对焦虑个体的工作记忆容量及精确度进行了考察。研究二在思路上相对于以往研究更为完善，所用材料与焦虑症状关联性更高，更有助于针对威胁加工过程中特质焦虑者的工作记忆资源分配做出推论。

研究三主要考察了特质焦虑者对情绪面孔的视觉工作记忆对注意的引导效应。结果发现，特质焦虑影响视觉工作记忆对注意的引导。首先，特质焦虑偏高者受威胁性表征的引导更强，表现为当对威胁性信息的工作记忆表征与外界刺激完全匹配及部分匹配的条件下，特质焦虑偏高者都更容易受到引导，关注外界威胁线索的注意偏向显著增大。其次，特质焦虑偏高者与偏低者受中性刺激引导而关注中性刺激的程度无显著差异。研究三通过实验手段支持了特质焦虑者对威胁性的工作记忆内容更易感，更容易受威胁性表征引导，进而形成对外在威胁性刺激的更显著的注意偏向。这一结果也支持了存在潜在认知机制自上而下的调节特质焦虑者对威胁性线索的认知偏向。

本研究主要结论如下：特质焦虑者对内在工作记忆表征的整体注意控制功能不足，主要表现为难以定向加工当前目标并排除无关工作记忆内容的干扰。此外，特质焦虑对个体加工情绪面孔时的视觉工作记忆资源水平存在一定损伤。而且，特质焦虑者对威胁性的工作记忆内容更易感，其对外界环境中刺激的注意更容易受威胁性表征的引导，进而更多地关注外界环境中的威胁性线索。

基于三部分研究结果，研究者提出一个整合的焦虑的认知机制模型。具体而言，基于本研究结果，研究者认为特质焦虑者可能存在对内部工作记忆表征的选择性加工不足以及工作记忆资源的不足，这使得他们更难自上而下的根据当前目标调控认知加工进程，继而导致他们更容易被威胁性线索干扰，出现认知加工偏向。同时，他们对威胁性信息的工作记忆表征会引导他们在加工外界环境中信息时的注意分配模式，导致他们过度地关注外界环境中的威胁性信息。上述机制相互促进，在一定程度上维持了个体对外界环境中威胁性线索的选择性加工偏向，共同作用于焦虑的发生、发展与维持。本研究不再局限于单一探讨特质焦虑者对外界威胁性刺激的注意偏向，而是更进一步将视觉工作记忆功能及其自上而下的影响纳入研究框架，以更整合的思路探讨特质焦虑者对威胁信息的认知加工偏向及其潜在的认知机制。本研究结果将有助于未来形成更为整合的焦虑的认知模型，也为有关焦虑的认知机制的研究引入新思路。

目　录

CONTENTS

第一章

文献综述与问题提出

第一节　文献综述

一、特质焦虑与焦虑障碍

焦虑并不是一种愉快的内心体验，相反，它是一种令人不安和恐惧的状态，常伴有身体的紧张反应①。尽管如此，从进化角度而言，适度的焦虑具有保护意义：它可以驱动个体采取行动，帮助个体做好准备以应对外界的挑战与威胁。然而，如果个体过度焦虑，也即焦虑的程度脱离现实、与实际的挑战和威胁不成比例，这会过度消耗个体精力，使个体在面对挑战与威胁时产生无力感并试图逃避，妨碍个体采取适应性的行动，最终对个体正常的生活、工作、学习及社交活动造成严重的消

① 李文利，钱铭怡．状态特质焦虑量表中国大学生常模修订［J］．北京大学学报：自然科学版，1995，31（1）：108-112.

极影响。

焦虑障碍包含多种障碍类型，如，广泛性焦虑障碍、惊恐障碍、特殊恐怖症及社交焦虑障碍等①。在各类心理障碍中，焦虑障碍的患病率一直处于前列。我国早期的流行病学研究显示，对各类心理障碍在 1 个月内的患病率从高到低进行排序，位列第二的即为焦虑障碍②，而如果考虑 12 个月内的患病率，焦虑障碍亦位居第二③。我国最近一次全国性的心理健康调查则发现，焦虑障碍已经成为我国患病率最高的一类心理障碍，其 12 个月内患病率达到了 5%，而终身患病率达到了 7.6%④。考虑到我国的人口基数，上述患病率对应着极大的患病人数。焦虑障碍不仅对患者个人生活造成困扰，也会对患者所在家庭及社会经济发展造成负担。理解焦虑障碍的致病、维持及发展机制，将有助于焦虑障碍的预防与治疗，对针对焦虑障碍的临床理论发展及治疗实践均具有重要意义。

特质焦虑是一种稳定的、具有明显个体差异的焦虑倾向；

---

① 钱铭怡．变态心理学［M］．北京：北京大学出版社，2006.

② PHILLIPS M R，ZHANG J，SHI Q，et al. Prevalence，treatment，and associated disability of mental disorders in four provinces in China during 2001–05：an epidemiological survey［J］. *The Lancet*，2009，373（9680）：2041–2053.

③ SHEN Y C，ZHANG M Y，HUANG Y Q，et al. Twelve-month prevalence，severity，and unmet need for treatment of mental disorders in metropolitan China［J］. *Psychological Medicine*，2006，36（02）：257–267.

④ HUANG Y，WANG Y，WANG H，et al. Prevalence of mental disorders in China：a cross-sectional epidemiological study［J］. *The Lancet. Psychiatry*，2019，6（3）：211–224.

它作为一种人格特质，反映了人们经常性的焦虑体验①。特质焦虑与焦虑障碍具有极高的关联性②③。一方面，特质焦虑是预测焦虑障碍发生与发展的重要风险因素：特质焦虑水平越高，个体发展出焦虑障碍的风险也越大④。另一方面，特质焦虑是焦虑障碍的一个重要的病理心理特征：相对于健康人群，焦虑障碍患者具有更高的特质焦虑水平⑤⑥。考虑到焦虑障碍是一种多成分、多维度、多种类的复杂的障碍谱系，研究者常以特质焦虑作为切入点，寻求对病理性焦虑发生、发展及其维持机制的理解，也积累了大量的研究数据。基于这些研究数据，研究者构建了许多对临床工作富有启示性的理论模型，不断拓宽和加深我们对焦虑障碍的认识。综上，鉴于特质焦虑是

---

① SPEILBERGER C D, GORSUCH R L, LUSHENE R, et al. *Manual for the state-trait anxiety inventory* [M]. Palo Alto, CA: Consulting Psychologists, 1983.

② 方芳，王亚光，汪作为．焦虑障碍患者焦虑敏感与特质焦虑的相关研究 [J]. 临床精神医学杂志，2013，23（3）：160-163.

③ FISHER P L, DURHAM R C. Recovery rates in generalized anxiety disorder following psychological therapy: an analysis of clinically significant change in the STAI-T across outcome studies since 1990 [J]. *Psychological Medicine*, 1999, 29 (06): 1425-1434.

④ FULLANA M A, TORTELLA-FELIU M, DE LA CRUZ L F, et al. Risk and protective factors for anxiety and obsessive-compulsive disorders: an umbrella review of systematic reviews and meta-analyses [J]. *Psychological medicine*, 2020, 50 (8): 1300-1315.

⑤ 曹素霞，李幼辉，李恒芬．不同临床亚型焦虑障碍患者心理特征的比较 [J]. 广东医学，2009，30（10）：1419-1421.

⑥ OEI T P, EVANS L, CROOK G M. Utility and validity of the STAI with anxiety disorder patients [J]. *British Journal of Clinical Psychology*, 1990, 29 (4): 429-432.

临床焦虑障碍的人格易感因子及重要病理心理特征，本研究将以特质焦虑为切入点，在已有实验及理论研究基础上，更系统地分析病理性焦虑的认知机制，从而形成整合模型，为拓宽并深化对焦虑障碍的发生、维持及发展机制的理解提供助力，也为焦虑障碍的认知干预提供思路。

二、特质焦虑与焦虑障碍的认知模型

焦虑的认知模型及相关理论观点认为，认知偏向是影响焦虑障碍发生、维持与发展的关键因素。下文将梳理焦虑相关的认知模型及理论观点，分别介绍焦虑障碍的认知行为概念化及临床治疗模型，以及针对病理性焦虑的认知偏向的理论观点。

（一）焦虑障碍的认知行为概念化及治疗模型

1. 图示模型

Beck 等人早期提出的焦虑的图示模型对焦虑障碍的认知行为治疗有深远的影响①。图示是指帮助个体知觉、组织、加工和利用信息的认知结构。个体每时每刻都会面临大量的信息输入，而图示在一定程度上为个体提供了组织信息的框架——个体知觉周围环境时关注什么、忽略什么、如何解释环境线索以及记住什么均受到图示的影响。可见，图示促进我们认识、理

① BECK A T, EMERY G, GREENBERG R. *Anxiety disorders and phobias: A cognitive perspective* [M]. Basic Books/Hachette Book Group, 2005.

解环境，具有适应性功能。然而，Beck 等认为存在非适应性的图示，它会损害个体功能，甚至引发心理障碍，例如，焦虑障碍的威胁图示。Beck 等认为焦虑障碍患者具有过度激活的威胁图示，而该图示会维持焦虑障碍。过度激活的威胁图示是指焦虑障碍个体对威胁的非适应性认知表征，这一表征如同滤网一般，使焦虑障碍个体在加工环境信息时表现出威胁偏差。例如，焦虑障碍患者会更关注环境中与威胁相关的信息，对威胁过于敏感，从环境中正常或微小的威胁中感知到不成比例的、甚至极端的危险，进而反应过度；在面对模棱两可的信息时，焦虑患者也会倾向于做出负面的、偏威胁性的解释；此外，焦虑患者也会选择性地记忆负面的、伴有威胁性的经历。无疑，上述威胁偏差会巩固焦虑患者的威胁图示，导致恶性循环，不断地激发并维持焦虑。一定程度上，过度激活的威胁图示解释了为什么焦虑患者会体验到持续的、高强度的焦虑，即便客观上没有明显的威胁存在。

2. 信息加工三阶段模型

在图示模型基础上，Beck 和 Clark（1997）又区分出信息加工的三个阶段，并探讨在各个阶段影响焦虑发生、维持及发展的认知机制[①]。信息加工的第一个阶段是初始登记。Beck 和

① BECK A T, CLARK D A. An information processing model of anxiety: Automatic and strategic processes [J]. *Behaviour Research and Therapy*, 1997, 35: 49-58.

Clark 认为初始登记是一个非常迅速的、非自主的、刺激驱动的自动化信息加工阶段，反映一种定向模式，帮助有机体快速的探测、识别、记录环境中的威胁刺激，具有重要的生存意义。任何策略性的或精细的认知加工均不存在于这一阶段。焦虑相关的定向模式呈现为一种更具倾向性的注意资源分配——在初始登记时倾向于将注意资源投向负性刺激，引发初始焦虑感。这又进一步激活随后的策略性的、精细化的具有负性偏向的认知加工。

当个体在初始登记阶段探测出环境中的威胁刺激后，便进入信息加工的第二阶段，也就是即刻准备阶段。该阶段反映了一种原始的威胁加工模式。在即刻准备阶段，一系列在进化过程中形成的原始的、即刻的，涉及认知、情绪、行为和生理反应模式的图示被激活，其目的是寻求安全与生存。即刻准备阶段是自动化加工与策略性加工的结合。这包括个体识别威胁后的反射性的生理唤起、战斗逃跑行为模式、恐惧感受和警觉等，以及更具有目的性地对威胁进行初级评估。通过初级评估，个体会进一步判断刺激的威胁性。然而，焦虑会影响这一初级评估过程，使其出现偏差，继而导致焦虑的维持和发展。具体而言，焦虑会引发一系列自动化的认知反应，例如，个体出现认知加工窄化、概括化，这会导致个体对环境中具有威胁性的信息过度敏感而忽视其他积极的线索。这些与焦虑相关的认知反应会使个体倾向于高估刺激具有威胁性的可能及威胁的严重程度，进而引发并维持焦虑体验甚至引发惊恐。也即，焦虑相关的自动化认知反应会影响初级评估，强化个体对刺激具有威胁性的信念，维持焦虑。

初级评估后，个体会对威胁刺激进行二次评估。这也是信息加工的最后一个阶段，是一个策略性的、精细化的再次评估的过程。这时，个体有关自身、他人和周围环境的图示将被进一步激活。个体将反思自身所处情境以及可行的应对策略，调节自身反应，使其更适应当前环境。然而，如果个体未能有效实现对威胁刺激的二次评估，则可能导致焦虑的加重。比如，个体沉浸在初级评估的威胁感中或陷入担忧，阻断了这一更具建设性的、对环境的现实评估和检验；或者，个体直接采取防御性措施，如回避或寻求安全信号，来缓解初级评估带来的焦虑感，但也失去了对刺激进行二次评估的机会，最终维持了对刺激的恐惧。

总体而言，Beck 和 Clark 认为焦虑的发生、发展及维持涉及自动化加工及策略性或精细加工过程偏差，而最为重要的信息加工偏差是对无害的或具有一定威胁的刺激赋予不合理的、过度的威胁性含义。基于该信息加工模型，Beck 和 Clark 认为对焦虑障碍的治疗的一方面需要缓和阶段二原始的焦虑反应模式并调节初级评估偏差，另一方面需要强化阶段三更具建设性的现实检验和精细评估。无论是图示模型还是信息加工阶段模型，两者均强调了对威胁刺激的认知加工偏向在焦虑的发生、维持及发展过程中的作用。

（二）针对焦虑的认知偏向的理论观点

1. 强调自动化威胁评估功能紊乱的理论观点：自下而上的作用通路

部分理论观点强调认知加工初期、偏自动化的威胁评估功能紊乱在焦虑的发生、维持与发展中的重要作用。这些理论观点认为，特质焦虑者具有高估刺激威胁性的倾向，这使他们在认知加工进程中更容易受到威胁性线索的影响，进而更容易产生焦虑。例如，Mogg 和 Bradley（1998）提出，特质焦虑将影响个体的自动化威胁评估，这使得高焦虑者自动地将环境中模糊、无害或具有轻微威胁性的刺激赋予过高的威胁含义，从而引发脱离现实的、过度的焦虑体验①。此外，这一具有偏差的自动化威胁评估将进一步影响高焦虑者后续的反应模式，使其启动威胁应对模式，关注情境中的威胁线索而中断对当前目标任务的执行。Mogg 和 Bradley 认为策略性的回避可以打破威胁应对模式，使个体回到当前目标任务。然而，回避也使得个体丧失了对威胁刺激的精细加工，从而个体难以获得对该刺激的适应性评估，长期而言也会维持焦虑。类似的，Mathew 和 Mackintosh（1998）也认为特质焦虑主要影响威胁评估系统②。

---

① MOGG K, BRADLEY B P. A cognitive-motivational analysis of anxiety [J]. *Behaviour Research and Therapy*, 1998, 36 (9): 809-848.

② MATHEWS A, MACKINTOSH B. A cognitive model of selective processing in anxiety [J]. *Cognitive Therapy and Research*, 1998, 22 (6): 539-560.

同时，他们进一步提出指向当前目标的控制行为可能缓解高估威胁带来的非适应性行为。

2. 强调注意控制功能不足的理论观点：自上而下的作用通路

随着对焦虑认知特征及潜在认知机制的研究推进，理论研究者开始将注意力转向自上而下的执行功能系统在焦虑的发生、维持与发展中的作用。例如，Eysenck 等（2007）提出基于特质焦虑的注意控制理论认为，特质焦虑将削弱个体的目标驱动系统，进而打破了目标驱动系统与刺激驱动系统之间的平衡①。这一平衡被打破会凸显出刺激驱动系统的功能，表现为高焦虑者对威胁的加工增强，使得高焦虑者更难从无关的威胁性刺激上移除注意，从而妨碍他们执行当前的目标任务。Derakshan 和 Eysenck（2009）进一步将目标驱动系统定义为工作记忆系统的中央执行成分，并将其分为两个方面：（1）抑制控制，即个体根据当前目标抑制对无关的威胁性刺激的关注、控制有损当前目标执行的反应的能力；（2）转换能力，即个体根据当前目标在任务之间或者任务内刺激间转换注意的能力②。Derakshan 和 Eysenck 认为抑制控制及转换等执行能力的不足在

① EYSENCK M W, DERAKSHAN N, SANTOS R, et al. Anxiety and cognitive performance: Attentional control theory [J]. *Emotion*, 2007, 7: 336-353.

② DERAKSHAN N, EYSENCK M W. Anxiety, processing efficiency, and cognitive performance: New developments from attentional control theory [J]. *European Psychologist*, 2009, 14 (2): 168-176.

焦虑的维持与发展中起到重要作用。

总体而言，上述理论观点均强调特质焦虑者对潜在威胁的认知加工偏差及其对焦虑发生、维持及发展的作用。这一定程度上也决定了对特质焦虑认知机制的研究主题：焦虑个体在威胁加工过程中的认知偏向。同时，上述理论观点不仅关注在信息加工初期刺激驱动的自动化威胁评估偏向对焦虑发生、维持及发展的作用，也强调了目标驱动的执行功能不足、导致个体容易受到威胁刺激干扰的作用。

三、特质焦虑的认知机制

基于上文综述可知，部分理论观点认为自动化威胁评估系统功能紊乱会使得特质焦虑者更容易高估威胁，对威胁性线索警觉，进而导致焦虑。同时，研究者也提出，执行功能异常也在焦虑的发生、维持与发展中起到重要作用。例如，执行功能不足使得特质焦虑者更容易受到无关的威胁性刺激干扰；而且，当特质焦虑者被威胁刺激捕获注意之后，也更难从威胁刺激上转移注意力，重新分配认知资源等①。下文将总结针对两种理论观点的实证证据。

① BERGGREN N，DERAKSHAN N. Attentional control deficits in trait anxiety：why you see them and why you don't [J]. *Biological Psychology*，2013，92（3）：440-446.

(一) 特质焦虑及其他焦虑类型者的威胁评估系统功能

在针对特质焦虑的认知机制的研究中，有研究者强调在信息加工早期威胁评估系统紊乱对焦虑的发生、维持及发展的影响。具体而言，特质焦虑者倾向于自动化地高估环境中的威胁，如，存在威胁的可能性、威胁的严重性，引发对具有潜在威胁的刺激的认知加工偏向，进而更可能导致焦虑。在实证研究层面上，多数研究基于反应时数据分析焦虑者自动化高估威胁的倾向。例如，研究者发现高特质焦虑者存在对阈下或短时（即，100 毫秒或以下）呈现的威胁刺激的注意捕获，并认为这反映出高焦虑者自动化地高估了刺激的威胁性进而对威胁刺激更警觉[①]。然而，这类基于反应时的研究仅能间接支持焦虑者高估威胁的倾向；而且，这类研究结果并不稳定，一些研究利用同样范式却并未在特质焦虑者中发现同类效应[②]。

另一些研究借助脑成像技术考察焦虑个体加工威胁刺激时的脑区激活模式。结果显示，在加工威胁刺激的过程中，焦虑与杏仁核的过度激活有关，提示焦虑个体存在对威胁刺激的警

① MOGG K, BRADLEY B P, DE BONO J, et al. Time course of attentional bias for threat information in non-clinical anxiety [J]. *Behaviour Research and Therapy*, 1997, 35 (4): 297-303.

② KOSTER E H W, VERSCHUERE B, CROMBEZ G, et al. Time-course of attention for threatening pictures in high and low trait anxiety [J]. *Behaviour Research and Therapy*, 2005, 43: 1087-1098.

觉[1]。然而，有研究支持杏仁核与前额叶之间的功能连接。Pessoa 等（2005）发现，杏仁核激活水平受到认知调控及当前认知资源水平的影响，当认知调控水平高或认知资源充足时，杏仁核激活减弱[2]。可见，杏仁核过度激活也可能与执行功能相关的脑区自上而下的调控不足有关。类似的，Bishop 等（2007）考察高特质及状态焦虑个体在高、低知觉负载任务条件下，对威胁性无关刺激的加工[3]。Bishop 等在其研究中呈现一串字母串，要求被试判断目标字母“X”或“N”是否在其中。研究者通过所呈现的字母串的异质性操纵知觉负载。在知觉负载较高的条件下，研究者呈现异质性字母串，如，“HKMWZX”，而知觉负载较低时，呈现 6 个“X”或 6 个“N”。研究任务以面孔刺激为背景，也即，将字母串呈现在一张面孔中央。面孔实际上是干扰刺激，在一部分情况下为恐惧表情，一部分情况下为中性表情。结果发现，高特质焦虑与额叶活动减弱有关，高状态焦虑与杏仁核激活增强有关；并且，这样的激活模式仅发生在低负载条件下。考虑到高知觉负载剥夺认知资

---

① CAMPBELL D W, SAREEN J, PAULUS M P, et al. Time-varying amygdala response to emotional faces in generalized social phobia [J]. *Biological Psychiatry*, 2007, 62 (5): 455-463.

② PESSOA L, PADMALA S, MORLAND T. Fate of unattended fearful faces in the amygdala is determined by both attentional resources and cognitive modulation [J]. *NeuroImage*, 2005, 28 (1): 249-255.

③ BISHOP S J, JENKINS R, LAWRENCE A D. Neural processing of fearful faces: effects of anxiety are gated by perceptual capacity limitations [J]. *Cerebral Cortex*, 2007, 17 (7): 1595-1603.

源，研究者认为这一结果说明在威胁加工过程中杏仁核的激活并非一个不需要注意资源的自动化过程；特质及状态焦虑对信息加工的影响可能发生在早期注意选择之后，而且，特质焦虑主要影响更高级的执行功能系统①。可见，在理解焦虑对威胁的认知偏向时，有必要考察执行控制系统的作用②。

综合而言，关于焦虑个体在认知加工早期威胁评估功能异常、倾向于自动化高估威胁的观点，实证研究提供的证据偏少。而且，囿于研究手段，针对特质焦虑者早期自动化加工倾向的研究在结果解释上存在多种可能③。相反，研究者认为在理解焦虑的认知机制时，执行功能的认知调控作用不可忽视④⑤。因此，本研究将主要侧重于对焦虑个体执行功能紊乱的考察。

（二）特质焦虑及其他焦虑类型者的执行功能

如上文所述，针对焦虑的认知机制，有理论观点强调目标驱动系统或执行功能的作用。随着对焦虑与执行功能关系的研

① BISHOP S J. Trait anxiety and impoverished prefrontal control of attention [J]. *Nature Neuroscience*, 2009, 12 (1): 92-98.

② BISHOP S J. Neurocognitive mechanisms of anxiety: an integrative account [J]. *Trends in Cognitive Sciences*, 2007, 11 (7): 307-316.

③ CISLER J M, KOSTER E H. Mechanisms of attentional biases towards threat in anxiety disorders: An integrative review [J]. *Clinical Psychology Review*, 2010, 30 (2): 203-216.

④ BECK D M, KASTNER S. Top-down and bottom-up mechanisms in biasing competition in the human brain [J]. *Vision Research*, 2009, 49 (10): 1154-1165.

⑤ BISHOP S J. Neural mechanisms underlying selective attention to threat [J]. *Annals of the New York Academy of Sciences*, 2008, 1129 (1): 141-152.

究进展，研究者逐渐将目标驱动的执行功能系统明细化。Diamond（2013）拓展了前人对执行功能的定义并总结实证研究结果，认为执行功能主要包含三个主要功能，包括认知弹性，抑制控制，及工作记忆①。下文将以此为框架总结特质焦虑与执行功能缺陷之间的关系。

1. 认知弹性

认知弹性常体现为转换能力②，比如，在任务间转换，在心理模式、反应定势间转换，以及在不同的视角间转换等。有实验结合事件相关电位（Event-related potential，ERP）和眼动技术，采用混合的眼跳和反眼跳任务并操纵线索与目标之间的间隔时间，以考察高、低特质焦虑组被试的任务转换能力。当线索—目标间隔时间较长时（1500 毫秒），高焦虑被试显示更强的慢负波③。研究者认为，该结果提示高焦虑组被试的任务转换能力弱于低焦虑组。当被给予足够的加工时间时（即，长线索-目标间隔条件），高焦虑组被试会采取代偿策略，耗费更多认知资源应对任务转换的要求。并且，研究结果表明高、低焦虑组被试在转换成绩（即，正确率）上并没有显著差异，

---

① DIAMOND A. Executive functions [J]. *Annual Review of Psychology*, 2013, 64: 135-168.

② MIYAKE A, FRIEDMAN N P, EMERSON M J, et al. The unity and diversity of executive functions and their contributions to complex ‘frontal lobe’ tasks: A latent variable analysis [J]. *Cognitive Psychology*, 2000, 41 (1): 49-100.

③ ANSARI T L, DERAKSHAN N. The neural correlates of cognitive effort in anxiety: Effects on processing efficiency [J]. *Biological Psychology*, 2011, 86 (3): 337-348.

但是在转换效率（即，反应时）上存在差异，具体表现为高焦虑个体完成转换需要更多时间，转换效率更低。

2. 抑制控制

抑制控制包括抑制选择性注意，抑制优势反应，以及认知抑制，如，抑制一些想法和记忆等。Stroop 任务是考察抑制控制常用的任务，研究者采用颜色命名的 Stroop 任务考察高、低特质焦虑组被试的抑制控制功能。结果发现，高特质焦虑组被试更容易被干扰，对不相容试次的反应时显著长于相容试次①。另外，反眼跳任务也提示高焦虑与注意抑制困难有关②。另有研究者考察了特质焦虑者在加工任务无关的威胁性刺激时的脑区激活模式。研究者认为，杏仁核激活提示自下而上的威胁评估系统作用，而前额叶皮层及前扣带回激活提示自上而下的认知控制功能作用。实验结果表明，在处理与任务目标无关的威胁性分心刺激时，高特质焦虑与状态性焦虑均与前额叶激活减弱有关，提示焦虑个体在处理威胁性的分心刺激时，自上而下的认知控制功能不足③。此外，Bishop（2009）结合脑成像技

---

① BERGGREN N, DERAKSHAN N. Inhibitory deficits in trait anxiety: Increased stimulus-based or response-based interference? [J]. *Psychonomic Bulletin & Review*, 2014, 21 (5): 1339-1345.

② BERGGREN N, RICHARDS A, TAYLOR J, et al. Affective attention under cognitive load: reduced emotional biases but emergent anxiety-related costs to inhibitory control [J]. *Frontiers in Human Neuroscience*, 2013, 7: 188.

③ BISHOP S, DUNCAN J, BRETT M, et al. Prefrontal cortical function and anxiety: controlling attention to threat-related stimuli [J]. *Nature Neuroscience*, 2004, 7 (2): 184-188.

术，要求被试判断字母串中是否存在目标刺激“X”或“N”，同时在这串字母串下方呈现一个干扰刺激①。干扰刺激是一个字母。相容条件即干扰刺激与字母串中的目标刺激相同，不相容条件即干扰刺激为目标刺激之一但与字母串中目标刺激不相同（例如，干扰刺激是“X”，但字母串中包含“N”），中性条件即干扰刺激与目标字母不同（如“C”）。Bishop 操纵知觉负载，高知觉负载条件下字母串包含 6 个不同的字母（如，“XHMWA”），而低知觉负载条件下字母串是 6 个“X”或者 6 个“N”。结果发现，高特质焦虑者相对于低特质焦虑者，在处理干扰刺激时，也即，不相容条件相较于相容及中性条件时，额叶激活减弱；而且，这一效应仅在低知觉负载条件下发生。这一研究从认知神经科学层面支持了焦虑与抑制控制不足的关联。有研究者进一步考察焦虑与注意控制的交互作用对其抗干扰能力的影响。他们利用情绪 Stroop 范式进行研究。结果发现，高焦虑、低注意控制组被试更容易被愤怒及高兴面孔干扰，而其余三组中未发现显著干扰效应②。这提示，当抑制控制能力不足，高焦虑个体更容易受到无关刺激干扰，妨碍其执行目标任务。

---

① BISHOP S J. Trait anxiety and impoverished prefrontal control of attention [J]. *Nature Neuroscience*, 2009, 12 (1): 92-98.

② REINHOLDT-DUNNE M L, MOGG K, BRADLEY B P. Effects of anxiety and attention control on processing pictorial and linguistic emotional information [J]. *Behaviour Research and Therapy*, 2009, 47 (5): 410-417.

3. 工作记忆

工作记忆是一个复杂的系统。根据 Baddeley（2003；2012）对工作记忆的概念化，工作记忆包含多个成分[①②]。Baddeley 认为，工作记忆为许多认知活动提供了重要的认知资源。工作记忆系统能够存储、操纵并整合不同来源的信息，如，感知觉信息的输入，长时记忆内容的激活与提取，并进一步影响后续的认知活动。而且，工作记忆中的中央执行成分或注意控制成分，一定程度上可以影响工作记忆中的信息，如，信息的抑制及转换。基于这一模型，有研究考察焦虑个体的工作记忆资源，也有研究考察焦虑个体工作记忆中的注意控制能力。其中，后者受到更多关注。这些研究主要关注高焦虑者在工作记忆编码、存储及维持阶段的注意控制功能。例如，特质焦虑者更难抑制对特定刺激的工作记忆表征，或者在任务要求及时切换当前工作记忆的维持目标时效率更低。研究者进而认为，在工作记忆的编码、存储及维持阶段的注意控制能力不足可能是焦虑个体更容易被威胁刺激干扰的原因[③④]。相对而言，对于

① BADDELEY A. Working memory：looking back and looking forward［J］. *Nature Reviews Neuroscience*, 2003, 4（10）：829-839.

② BADDELEY A. Working memory：theories, models, and controversies［J］. *Annual Review of Psychology*, 2012, 63：1-29.

③ QI S, DING C, LI H. Neural correlates of inefficient filtering of emotionally neutral distractors from working memory in trait anxiety［J］. *Cognitive, Affective, & Behavioral Neuroscience*, 2014, 14（1）：253-265.

④ STOUT D M, SHACKMAN A J, LARSON C L. Failure to filter：Anxious individuals show inefficient gating of threat from working memory［J］. *Frontiers in Human Neuroscience*, 2013, 7：58.

工作记忆资源与焦虑关系的研究较少，且研究之间存在结果不一致。然而，当前基于少数研究的元分析表明焦虑与工作记忆资源之间存在显著的负相关[①]。此外，已有研究表明，当通过增加当前的工作记忆负载消耗、占用工作记忆资源时，正常个体会更容易受到无关刺激的干扰，影响当前目标执行[②]。这提示工作记忆资源不足可能影响认知加工进程。

此外，工作记忆作作为执行功能的重要成分，它在自上而下地影响个体的认知偏向，尤其是注意偏向，上起到关键的作用[③④]。具体而言，工作记忆内容可以影响注意分配[⑤]。工作记忆可以整合、存储不同来源的信息，形成工作记忆表征。工作记忆表征则维持目标特征并起到注意模板的作用，将注意导向与表征相关的刺激。基于工作记忆引导注意的功能，我们可以将焦虑个体的内部反应（如，对威胁刺激的工作记忆表征）和外部反应（如，对外部威胁线索的注意水平）联系起来，进而更有针对性地考察焦虑个体的工作记忆如何影响其对外部威胁

---

① MORAN T P. Anxiety and working memory capacity: A meta-analysis and narrative review [J]. *Psychological Bulletin*, 2016, 142 (8): 831-864.

② LAVIE N. Distracted and confused?: Selective attention under load [J]. *Trends in Cognitive Sciences*, 2005, 9 (2): 75-82.

③ BECK D M, KASTNER S. Top-down and bottom-up mechanisms in biasing competition in the human brain [J]. *Vision Research*, 2009, 49 (10): 1154-1165.

④ SHAPIRO K L, MILLER C E. The role of biased competition in visual short-term memory [J]. *Neuropsychologia*, 2011, 49 (6): 1506-1517.

⑤ SOTO D, HUMPHREYS G W, ROTSHSTEIN P. Dissociating the neural mechanisms of memory-based guidance of visual selection [J]. *Proceedings of the National Academy of Sciences*, 2007, 104 (43): 17186-17191.

信息的加工。

总体而言，越来越多的研究强调执行功能不足是使特质焦虑个体产生对威胁的认知加工偏向、进而维持焦虑的重要原因。然而，总结过往理论及实验研究可见，执行功能概念宽泛，需要进一步聚焦以便展开研究。工作记忆作为执行功能的重要成分，可作为研究切入点。首先，工作记忆中的注意控制功能可以调控认知资源分配。注意控制理论强调，特质焦虑个体表现出的对威胁的注意偏向很可能反映出焦虑个体注意控制功能不足[①]。由于注意控制不足，特质焦虑者更容易被无关（威胁）刺激干扰，使得无关威胁刺激妨碍目标执行。其次，工作记忆资源不足可能是导致特质焦虑者更容易受到威胁干扰的重要原因[②]。最后，工作记忆表征可维持目标特征并起到注意模板的作用，将注意导向外界环境中的相关刺激。而焦虑障碍的图示模型及认知行为治疗模型中均提示，威胁性的心理表征影响注意的通路可能在焦虑者注意偏向的形成上起到重要作用。综上可见，在探讨焦虑的认知机制的研究中，工作记忆是不可忽视的一个环节。考虑到以往针对焦虑的认知偏向的研究多针对视觉刺激进行（如，对情绪面孔、图片等的注意、记忆

① DERAKSHAN N, EYSENCK M W. Anxiety, processing efficiency, and cognitive performance: New developments from attentional control theory [J]. *European Psychologist*, 2009, 14 (2): 168-176.

② QI S, ZENG Q, LUO Y, et al, LI H. Impact of working memory load on cognitive control in trait anxiety: an ERP study [J]. *PloS One*, 2014, 9 (11): e111791.

及解释偏向)，本研究将聚焦于视觉工作记忆，探讨特质焦虑与视觉工作记忆的关系以及视觉工作记忆对焦虑相关的注意偏向的影响。

四、特质焦虑及其他焦虑类型者的注意偏向

（一）特质焦虑及其他焦虑类型者的注意偏向特征

研究者在考察焦虑的认知偏向时多关注高焦虑个体对威胁刺激的注意偏向。他们认为对威胁的注意偏向在焦虑的发生、维持与发展中起到重要作用。关注威胁将引发个体的焦虑体验，或者，回避威胁将导致无法对威胁刺激习惯化、再次评估其威胁程度等，从而导致焦虑。以往研究为高焦虑个体具有对威胁的注意偏向提供支持证据。元分析研究发现高焦虑，包括临床与亚临床焦虑障碍、特质焦虑与状态焦虑等，与对威胁的注意偏向间具有稳定的、跨实验情景与实验范式的关联性；这一关联性具有中等程度的效应①。

然而，对于注意偏向的具体表现形式，不同研究间得到的结果差异较大。具体而言，有研究发现高焦虑者表现出对阈上

① BAR-HAIM Y，LAMY D，PERGAMIN L，et al. Threat-related attentional bias in anxious and nonanxious individuals：a meta-analytic study [J]. *Psychological Bulletin*，2007，133 (1)：1-24.

威胁刺激的注意移除困难①②；对阈下威胁刺激的注意警觉③。也有研究者将注意偏向的时程因素纳入考虑范围。比如，利用基于反应时的范式考察在不同的刺激呈现时长下（如，100 毫秒，500 毫秒，1250 毫秒等）高焦虑个体对威胁的注意偏向；或者，结合眼动技术考察高焦虑个体对威胁的注意分配模式。其中，有研究发现高焦虑个体在刺激呈现早期表现出对威胁的警觉，而在后期则出现回避威胁的注意模式，即先警觉后回避模式④；另有研究发现，高焦虑个体在整个信息加工进程中表现出持续的注意回避⑤。

可见，上述研究均支持焦虑与对威胁注意偏向的关联性，但就注意偏向的表现模式而言，不同研究之间差异大。另外，也有一些研究利用同样的手段而未发现焦虑与对威胁的注意偏向之间存在显著相关。Bar-Haim（2010）针对这一现象进行

① AMIR N, ELIAS J, KLUMPP H, et al. Attentional bias to threat in social phobia: Facilitated processing of threat or difficulty disengaging attention from threat? [J]. *Behaviour Research and Therapy*, 2003, 41: 1325-1335.

② KOSTER E H W, CROMBEZ G, VERSCHUERE B, et al. Attention to threat in anxiety-prone individuals: Mechanisms underlying attentional bias [J]. *Cognitive Therapy and Research*, 2006, 30: 635-643.

③ CARLSON J M, REINKE K S. Masked fearful faces modulate the orienting of covert spatial attention [J]. *Emotion*, 2008, 8 (4): 522-529.

④ KOSTER E H W, VERSCHUERE B, CROMBEZ G, et al. Time-course of attention for threatening pictures in high and low trait anxiety [J]. *Behaviour Research and Therapy*, 2005, 43: 1087-1098.

⑤ CHEN N T M, THOMAS L M, CLARKE P J F, et al. Hyperscanning and avoidance in social anxiety disorder: the visual scanpath during public speaking [J]. *Psychiatry Research*, 2015, 225 (3): 667-672.

解释，他认为现有研究均是在对不同样本均值进行比较，而无法在个体水平进行比较①。如果取得足够大样本则会发现在高焦虑群体中仍旧有不表现出对威胁的注意偏向的个体；同样，在低焦虑样本中也会有表现出对威胁的注意偏向的个体。但总体而言，高焦虑人群中更可能有表现出对威胁的注意偏向的个体，或者这些高焦虑的个体表现出的注意偏向更稳健、更显著。这种各组内的个体间的差异可能导致由于取样而带来的不同研究结果之间的差异。也有研究者指出，对威胁的注意偏向与高焦虑之间的关联性的具体表现形式（如，警觉、移除困难、回避或无偏向）可能受到其他更深层因素的影响②，提示未来研究应继续探索影响焦虑与注意偏向之间关联性的潜在机制。

（二）注意偏向矫正训练对特质焦虑及其他焦虑类型的影响

如上文所述，研究者认为焦虑个体对威胁的注意偏向在焦虑症状的发生、发展及维持中起到重要作用③。由于多数研究

① BAR-HAIM Y. Research review: attention bias modification (ABM): a novel treatment for anxiety disorders [J]. *Journal of Child Psychology and Psychiatry*, 2010, 51 (8): 859-870.

② CISLER J M, KOSTER E H. Mechanisms of attentional biases towards threat in anxiety disorders: An integrative review [J]. *Clinical Psychology Review*, 2010, 30 (2): 203-216.

③ MACLEOD C, CLARKE P J. The attentional bias modification approach to anxiety intervention [J]. *Clinical Psychological Science*, 2015, 3 (1): 58-78.

支持焦虑与对威胁的注意偏向之间的关联性，研究者便尝试利用实验手段探索焦虑与对威胁的注意偏向之间的因果关联。其意义在于，如果能够证实对威胁的注意偏向是焦虑的诱因，这一方面能进一步明确对焦虑的认知概念化，另一方面可以启发未来对焦虑的干预手段。

在针对焦虑与对威胁的注意偏向之间的因果关系的研究中，最具代表性的范式即注意偏向矫正范式①。该范式的提出者认为，对威胁的注意偏向未必能被个体有意识地察觉，但却在诱发及维持焦虑中起到重要作用②。近十年，注意偏向矫正技术备受关注——利用该技术，研究者可直接操纵个体对特定信息的注意偏向模式，以考察注意偏向的变化对个体焦虑症状的影响，进而得出焦虑与注意偏向之间因果关系的推论。具体而言，注意偏向矫正训练多采用点探测范式的变式：同时呈现不同情感效价的刺激对（如，一对负性和中性的情绪面孔或情绪词），刺激对消失后，出现探测点，要求个体对探测点做按键反应；训练时，探测点总是出现在某一类情感效价的刺激（如，中性刺激）之后。如此，一段时间的重复训练之后，个

① MACLEOD C, MATHEWS A. Cognitive bias modification approaches to anxiety [J]. *Annual Review of Clinical Psychology*, 2012, 8: 189-217.

② MACLEOD C, KOSTER E H, FOX E. Whither cognitive bias modification research? Commentary on the special section articles [J]. *Journal of Abnormal Psychology*, 2009, 118 (1): 89-99.

体的注意资源将被导向特定情感效价的刺激①。也有一些研究采用视觉搜索范式的变式，即呈现面孔矩阵，矩阵中均为负性面孔，仅一张为中性或正性面孔，要求被试搜索中性或正性面孔。在针对焦虑的注意偏向矫正训练中，多呈现负性和中性或负性和正性的刺激对（点探测）或刺激矩阵（视觉搜索），并通过大量重复练习训练被试注意中性或正性刺激，进而改善个体对威胁的过度关注②。

至今，已有大量研究考察了注意偏向矫正训练对焦虑症状的改善作用，但结果不一致。部分研究支持通过减轻个体对威胁的注意偏向以缓解焦虑症状的作用路径③；另一些研究则未发现支持性证据④。Mogoaşe 等（2014）通过元分析研究发现，注意偏向矫正训练对缓解焦虑症状具有显著作用，但效应量小⑤。Mogoaşe 等发现，针对高焦虑个体进行注意偏向矫正训

① BAR-HAIM Y. Research review：attention bias modification（ABM）：a novel treatment for anxiety disorders［J］. *Journal of Child Psychology and Psychiatry*, 2010, 51（8）：859-870.

② MOGG K, BRADLEY B P. Anxiety and attention to threat：Cognitive mechanisms and treatment with attention bias modification［J］. *Behaviour Research and Therapy*, 2016, 87：76-108.

③ MACLEOD C, CLARKE P J. The attentional bias modification approach to anxiety intervention［J］. *Clinical Psychological Science*, 2015, 3（1）：58-78.

④ CLARKE P J, NOTEBAERT L, MACLEOD C. Absence of evidence or evidence of absence：reflecting on therapeutic implementations of attentional bias modification［J］. *BMC Psychiatry*, 2014, 14：1-6.

⑤ MOGOAŞE C, DAVID D, KOSTER E H. Clinical Efficacy of Attentional Bias Modification Procedures：An Updated Meta-Analysis［J］. *Journal of Clinical Psychology*, 2014, 70（12）：1133-1157.

练能有显著缓解对威胁的注意偏向，也能显著减少焦虑症状，然而，对注意偏向的改善与焦虑症状的改善之间无显著关联性，并且，被试训练前是否具有对威胁的注意偏向也对焦虑症状的改善无显著预测性。可见，缺乏证据支持注意偏向与焦虑之间的因果关联性。注意偏向可能是特质焦虑及其他焦虑类型的维持因子之一，但可能存在其他因素共同作用于焦虑的维持。

综上，焦虑与注意偏向之间的相关并不稳定。并且，缺少证据支持个体在注意偏向层面上的差异与其在焦虑水平层面上的差异有直接关联。此外，注意偏向可能先于焦虑症状出现，亦可能晚于焦虑出现；注意偏向的改善有时能缓解焦虑，而焦虑减轻也会反作用于注意偏向①。这些结果提示，在探讨焦虑与对威胁的注意偏向的过程中，研究者仅能得到证据支持焦虑与注意偏向之间有一定相关性，而无法进一步推论得出焦虑与注意偏向之间具有因果关系。总结这一系列研究可知，若仅关注焦虑个体的注意偏向、过度强调对威胁的注意偏向在焦虑的起病、维持及发展中的作用，可能过度简化了的特质焦虑及其他焦虑类型的认知机制；因此，有必要考察其他潜在因素对焦虑的影响。

---

① VAN BOCKSTAELE B, VERSCHUERE B, TIBBOEL H, et al. A review of current evidence for the causal impact of attentional bias on fear and anxiety [J]. *Psychological Bulletin*, 2014, 140 (3): 682-721.

五、特质焦虑及其他焦虑类型者的视觉工作记忆特征

有研究者提出在探讨焦虑的认知机制的过程中，应该更进一步探索除注意偏向以外的其他潜在的影响机制。越来越多的研究者认为，执行功能异常对特质焦虑及其他焦虑类型的影响值得重视。由于执行功能概念宽泛，本研究将聚焦于视觉工作记忆对焦虑的影响。

（一）特质焦虑及其他焦虑类型对视觉工作记忆中注意控制功能的影响

注意控制不足将使焦虑者更容易受到威胁性信息的干扰，形成对威胁信息的认知加工偏向，妨碍当前任务的执行，诱发并维持焦虑体验。对于焦虑与视觉工作记忆中注意控制功能的关系，部分研究关注焦虑个体根据当前任务要求选择性地维持特定信息并排除无关信息的能力①，或焦虑个体对信息的操纵能力②。此外，近期研究表明，训练工作记忆的注意控制能力有助于改善心理健康状态。Schweizer 等（2013）发现，在经

① GUSTAVSON D E, MIYAKE A. Trait worry is associated with difficulties in working memory updating [J]. *Cognition and Emotion*, 2016, 30 (7): 1289-1303.

② YOON K L, KUTZ A M, LEMOULT J, et al. Working memory in social anxiety disorder: better manipulation of emotional versus neutral material in working memory [J]. *Cognition and Emotion*, 2017, 31 (8): 1733-1740.

过情绪 N-back 任务训练后，个体的情绪控制能力提高①。可见，焦虑与工作记忆的注意控制功能存在紧密联系。

尽管不同研究的侧重有所不同，在针对焦虑与视觉工作记忆的注意控制功能的研究中，越来越多的研究者开始关注焦虑个体滤除信息的功能（filtering efficiency）。信息滤除即根据线索提示，排除或者抑制无关刺激，以防止无关刺激进入工作记忆或在工作记忆中维持存储。具体而言，Stout 等（2013）结合 ERP 技术和变化探测任务考察特质焦虑者的滤除能力②。任务开始时，首先呈现指向左侧或右侧的箭头，指导被试记忆中央注视点左侧或右侧的信息，以便计算对侧延迟电位（contralateral delay activity，CDA；时间窗口为刺激呈现后 500—900 毫秒）。CDA 即与箭头指向同侧（或被试记忆项目同侧）的电位和与箭头指向相反一侧（或被试不需要记忆的项目同侧）的电位的差值。CDA 振幅越大说明记忆容量越大。箭头消失后呈现记忆序列，记忆序列有如下几种情况：2 张中性面孔，2 张中性和 2 张愤怒面孔，4 张中性面孔。记忆序列仅包含 2 张面孔的情况为基线条件（中性目标条件）。记忆序列包含 4 张面

---

① SCHWEIZER S，GRAHN J，HAMPSHIRE A，et al. Training the emotional brain：improving affective control through emotional working memory training［J］. *Journal of Neuroscience*，2013，33（12）：5301-5311.

② STOUT D M，SHACKMAN A J，LARSON C L. Failure to filter：Anxious individuals show inefficient gating of threat from working memory［J］. *Frontiers in Human Neuroscience*，2013，7：58.

孔的情况则受线索刺激调节：对于2张中性和2张愤怒面孔的条件，部分时候2张愤怒面孔是干扰刺激，因此不需要记忆（带黄色边框；中性目标—负性干扰条件），部分时候2张愤怒面孔为目标刺激，需要记忆（带红色边框；中性目标—负性目标条件）。相应的，对于4张中性面孔的条件，部分时候2张中性面孔为干扰刺激不需要记忆（带黄色边框；中性目标—中性干扰条件），部分时候4张中性面孔均为目标刺激需要记忆（带红色边框；中性目标—中性目标条件）。研究者分别计算被试在上述条件下的CDA值和记忆容量参数K值①。结果发现，中性目标—负性干扰条件下被试的记忆容量显著大于中性目标条件，提示难以滤除负性刺激；更为重要的是，这一效应在高特质焦虑组被试中更加显著，即高焦虑者更难将威胁信息从工作记忆中滤除。此外，中性目标—中性干扰条件下被试的记忆容量与中性目标条件无差异；焦虑水平对这一效应没有显著影响。基于这一结果，研究者认为高焦虑个体更难抑制威胁信息进入工作记忆表征，并认为这一滤除威胁信息的功能缺陷在焦虑的发生与维持中起到重要作用②。

Qi等（2014）也考察了特质焦虑对个体工作记忆滤除功

---

① COWAN N. The magical number 4 in short-term memory: A reconsideration of mental storage capacity [J]. *Behavioral and Brain Sciences*, 2001, 24: 87-185.

② STOUT D M, SHACKMAN A J, JOHNSON J S, et al. Worry is associated with impaired gating of threat from working memory [J]. *Emotion*, 2015, 15 (1): 6-11.

能的影响[①]。他们参照 Stout 等的研究方法，但将实验材料改为简单的线段朝向。实验中，刺激分左右两侧呈现，分为单侧具有 2 个红色线段朝向，2 个红色和 2 个绿色线段朝向，4 个红色线段朝向。其中，他们将绿色定义为无关干扰刺激，主要关注 2 个红色与 2 红 2 绿情况下被试的 CDA 振幅。如果被试在 2 红 2 绿条件下的 CDA 振幅显著大于 2 红条件，那么提示难以滤除绿色干扰物。这一效应若在高焦虑组中更显著，则提示高焦虑组滤除功能低于低焦虑组。然而，结果并未发现在 2 个红色与 2 红 2 绿情况下被试的 CDA 振幅差值在高、低焦虑组间有显著差异。当进一步区分 ERP 的时间窗口，将其分为早期 CDA（300—450 毫秒）和后期 CDA（450—900 毫秒），Qi 等发现，在后期 CDA 阶段，高焦虑组被试记忆 4 个红色朝向时的 CDA 与记忆 2 红 2 绿时 CDA 没有显著差异，而低焦虑组被试记忆 4 个红色朝向时的 CDA 显著大于记忆 2 红 2 绿时 CDA。但是，结果也发现在对 4 个红色线段进行记忆时，高焦虑组被试的 CDA 振幅显著小于低分组。这提示高焦虑组被试的工作记忆表现总体低于低分组。基于上述结果，研究者认为高特质焦虑组相对于低焦虑组，更难将与任务无关的简单中性刺激排除在工作记忆表征之外，反映出高焦虑组被试存在滤除功能或注意控

① QI S，DING C，LI H. Neural correlates of inefficient filtering of emotionally neutral distractors from working memory in trait anxiety［J］. *Cognitive*，*Affective*，*& Behavioral Neuroscience*，2014，14（1）：253-265.

制能力的不足。然而，考虑到也有部分结果提示高、低特质焦虑组被试在工作记忆表现上的差异，对结果的解释也需要谨慎。

理解焦虑个体对外界刺激输入及其工作记忆表征的滤除功能具有临床推广价值。有关闯入性思维及心理意象的理论解释认为，当个体的执行功能，尤其是抑制控制功能较弱时，个体将更持久地受到闯入性思维或意象的影响①。相应的，研究发现工作记忆功能偏低的人，他们的思维抑制功能也更弱，更容易受到闯入性思维的影响②。另有研究发现，通过认知训练提高工作记忆功能，被试抑制无关闯入性思维的能力也会随之提高；进而，研究者认为工作记忆功能不足将使个体更容易受到闯入性思维或意象的影响，可推广至解释临床焦虑障碍的症状（如，创伤后应激障碍的闪回，强迫症的强迫思维、意象等）③。

可见，有关焦虑个体滤除功能的研究为焦虑个体更难抑制无关干扰刺激进入工作记忆或在工作记忆中进一步被维持提供了支持。这些研究多利用线索指示区分目标与干扰刺激，需要被试根据目标选择性加工记忆项目。然而，目前针对滤除功能

① ANDERSON M C, LEVY B J. Suppressing unwanted memories [J]. *Current Directions in Psychological Science*, 2009, 18 (4): 189-194.

② BREWIN C R, SMART L. Working memory capacity and suppression of intrusive thoughts [J]. *Journal of Behavior Therapy and Experimental Psychiatry*, 2005, 36 (1): 61-68.

③ BOMYEA J, AMIR N. The effect of an executive functioning training program on working memory capacity and intrusive thoughts [J]. *Cognitive Therapy and Research*, 2011, 35 (6): 529-535.

或工作记忆抑制能力的研究也有一定改进的空间。具体而言，现有研究实质上结合了两种线索指示，进而涉及不同加工阶段的抑制功能：记忆序列呈现前被试需要根据空间线索指示注意单侧信息，抑制对无关方位信息的加工；记忆序列出现后，被试又一次根据同时呈现的线索指示（如，刺激颜色或刺激边框颜色）抑制对无关特征的加工。因此，结果实则反映了针对空间位置及刺激特征的两次注意控制的效应。未来研究可尝试对此加以区分。此外，这类研究中的关键线索与记忆序列同时出现，并要求被试控制无关刺激的输入与维持，这将很难区分高焦虑组个体的注意控制不足的发生时程是在刺激进入工作记忆前，对无关刺激输入的控制不足，还是在刺激进入工作记忆之后的巩固维持阶段，对工作记忆内容的控制不足。目前针对工作记忆的前置及后置线索的任务则为解决这一问题提供思路。

Griffin 和 Nobre（2003）在其研究中利用前置及后置线索考察个体在信息加工的不同阶段根据线索提示，选择性加工目标刺激，抑制对干扰刺激加工的能力①。研究者主要采用了考察工作记忆功能时常用的变化探测任务，要求被试记忆 4 种颜色刺激（也即，记忆序列），间隔一段时间后，在特定位置出现一个探测刺激，50%情况下，探测刺激颜色与刚才呈现在同一位置的记忆刺激颜色相同，50%情况下，探测刺激颜色与刚

① GRIFFIN I C，NOBRE A C. Orienting attention to locations in internal representations［J］. *Journal of Cognitive Neuroscience*，2003，15（8）：1176-1194.

才所记忆的刺激的颜色不同。在一部分试次中，在记忆序列出现前，研究者呈现前置线索，前置线索在80%情况下能够准确指示出最后会被测试的目标刺激的位置，20%情况下则做出无效指示。根据前置线索的提示，被试可以在信息输入时调节注意分配，选择性地加工目标刺激，提高任务表现。在一部分试次中，在记忆序列消失后，研究者呈现后置线索，同样，80%情况下线索指示随后会被测试的记忆表征位置，20%情况下则做无效指示。根据后置线索提示，被试可以对工作记忆表征进行选择性加工，集中资源维持目标表征而忽视无关表征。最后，在一部分情况下，在记忆序列前或后呈现中性线索，即无任何提示性的刺激，控制线索呈现起到的注意警觉等作用。该研究结果发现，无论是前置线索还是后置线索，均能够显著提高被试的记忆任务表现，也即，相对于无效线索，有效的前置或后置线索都能够显著地提高个体的记忆正确率及降低做出判断所需的反应时。研究者认为，该结果说明个体不仅能够利用前置线索选择性地对刺激输入进行选择性加工，还能够利用后置线索对刺激输入后形成的内在工作记忆表征进行选择性加工。Pertzov 等（2013）也发现，后置线索可以提高被试对线段朝向的记忆正确率[①]。而且，Pertzov 等发现后置线索的形式

① PERTZOV Y，BAYS P M，JOSEPH S，et al. Rapid forgetting prevented by retrospective attention cues [J]. *Journal of Experimental Psychology*: *Human Perception and Performance*, 2013，39（5）：1224-1231.

不仅限于空间提示，即指出目标表征的方位，也可以是提示目标表征的特征，如，呈现目标表征的颜色。

在神经机制层面，研究者发现线索任务均涉及顶叶及额叶区域的神经活动；而相对于利用前置线索，利用后置线索时额叶区域活动发生时间更早①。而且，功能连接研究结果提示，额叶与枕叶功能连接越强，后置线索对被试任务表现的促进作用越强②。相对而言，被试利用前置线索是对外界物理刺激进行选择性加工，而被试利用后置线索则是在外界物理刺激消失后对刺激的心理表征进行选择性加工。针对后置线索的起效机制，研究者结合行为实验及 ERP 技术发现，后置线索可以有效地帮助被试减轻记忆容量负担，提示被试可根据后置线索提示删除对无关刺激的工作记忆表征③。另有研究表明，后置线索可帮助个体选择与当前目标相关的表征，维持目标表征，防止目标表征衰减，而并非促成被指示信息的优先提取④。同时，

① GRIFFIN I C, NOBRE A C. Orienting attention to locations in internal representations [J]. *Journal of Cognitive Neuroscience*, 2003, 15 (8): 1176-1194.

② KUO B C, YEH Y Y, CHEN A J W, et al. Functional connectivity during top-down modulation of visual short-term memory representations [J]. *Neuropsychologia*, 2011, 49 (6): 1589-1596.

③ KUO B C, STOKES M G, NOBRE A C. Attention modulates maintenance of representations in visual short-term memory [J]. *Journal of Cognitive Neuroscience*, 2012, 24 (1): 51-60.

④ MATSUKURA M, LUCK S J, VECERA S P. Attention effects during visual short-term memory maintenance: protection or prioritization? [J]. *Attention, Perception, & Psychophysics*, 2007, 69 (8): 1422-1434.

利用后置线索保护目标表征需要抑制与当前目标无关表征的干扰①。综上，前置及后置线索涉及信息加工不同阶段的注意控制，但目前尚缺乏在焦虑样本中的研究。未来研究可结合前置及后置线索任务，进一步考察焦虑个体在信息输入时以及在工作记忆维持阶段的注意控制功能。

（二）特质焦虑及其他焦虑类型对视觉工作记忆资源的影响

研究者认为，工作记忆资源不足将影响信息加工进程，使得个体更容易受无关威胁刺激的干扰，形成对威胁信息的认知加工偏向。因此，在对焦虑认知机制的研究中，焦虑个体的视觉工作记忆资源水平开始得到关注。此外，有研究表明工作记忆资源具有保护效应。研究者考察高、低特质焦虑者在压力情景下的注意转换能力②。结果发现，对于工作记忆容量低的个体，特质焦虑水平越高，其在压力情境中的注意转换效率越低（即，反应时更长）；然而，对于高工作记忆容量的高特质焦虑者，情境中的压力水平不影响其任务表现。进而，研究者认为，个体工作记忆资源水平具有保护效应，可调节情境压力及

---

① SREENIVASAN K K, JHA A P. Selective attention supports working memory maintenance by modulating perceptual processing of distractors [J]. *Journal of Cognitive Neuroscience*, 2007, 19 (1): 32-41.

② EDWARDS M S, MOORE P, CHAMPION J C, et al. Effects of trait anxiety and situational stress on attentional shifting are buffered by working memory capacity [J]. *Anxiety Stress Coping*, 2015, 28 (1): 1-16.

个体焦虑水平对执行功能的影响。然而，鉴于目前针对焦虑个体视觉工作记忆资源的研究少，且结果存在不一致，有必要进一步探索焦虑与视觉工作记忆资源间的关系。

针对视觉工作记忆资源，研究支持其资源有限。其中，多数研究着重考察视觉工作记忆的容量，即，记忆信息的数量①②。另一些研究者则关注工作记忆精确度或质量，即，记忆信息的准确性③。针对特质焦虑及其他焦虑类型者的视觉工作记忆资源，目前研究多关注焦虑者的视觉工作记忆容量，对其视觉工作记忆精确度关注少。

1. 特质焦虑及其他焦虑类型对视觉工作记忆容量的影响

针对焦虑者视觉工作记忆容量的研究多利用简单刺激为实验材料进行。其中，Moriya 和 Sugiura（2012a）发现焦虑个体的工作记忆容量更大④。他们利用变化探测任务，要求被试记忆 4 个、8 个或 12 个简单刺激（色块或线段朝向），被试有 100 毫秒的记忆时间，随后刺激消失。间隔一段时间（900 毫秒）后呈现探测刺激。探测刺激的个数与呈现位置与记忆刺激一致。探测刺激分两种情况，一种情况下，探测刺激与记忆刺

---

① LUCK S J, VOGEL E K. The capacity of visual working memory for features and conjunctions [J]. *Nature*, 1997, 390 (6657): 279-281.

② ZHANG W, LUCK S J. Discrete fixed-resolution representations in visual working memory [J]. *Nature*, 2008, 453 (7192): 233-235.

③ MA W J, HUSAIN M, BAYS P M. Changing concepts of working memory [J]. *Nature Neuroscience*, 2014, 17 (3): 347-356.

④ MORIYA J, SUGIURA Y. High visual working memory capacity in trait social anxiety [J]. *PloS One*, 2012a, 7 (4): e34244.

激完全一致（也即，呈现在特定位置的色块颜色或线段朝向与对应位置的记忆刺激一致），另一种情况下，探测刺激中有一个与记忆刺激不同。被试需辨认探测刺激与记忆刺激是否一致。研究者利用工作记忆容量公式，计算被试在记忆 8 个和 12 个刺激这两种记忆负荷条件下的平均记忆容量。结果发现，高特质焦虑者的记忆成绩更好、记忆容量更大。然而，如果在记忆时同时呈现目标刺激和干扰刺激，红色刺激为需要记忆的目标刺激，而绿色的则为干扰刺激，考察个体对刺激朝向的记忆。高焦虑组被试在干扰刺激存在时，对目标刺激的记忆成绩下降。研究者认为这说明了焦虑个体难以排除无关刺激的干扰，体现出高焦虑者对工作记忆资源的非适应性应用，提示高焦虑会更广泛地分配工作记忆资源，也即，同时关注任务相关及任务无关的刺激。这可能有利于高焦虑者在环境中探测威胁线索，但这也使得高焦虑者更容易受到显著的、任务无关刺激的干扰。

与 Moriya 和 Sugiura 等人的研究结果不同，Qi 等（2014）利用 ERP 技术发现，焦虑个体的视觉工作记忆容量更差①。Qi 等同样利用变化探测任务，但结合 CDA 成分评估工作记忆容量。研究中，每个试次的记忆刺激分别呈现在屏幕的左、右两

---

① QI S，CHEN J，HITCHMAN G，ZENG Q，et al. Reduced representations capacity in visual working memory in trait anxiety［J］. *Biological Psychology*，2014，103：92-99.

侧，两侧均有1—5个记忆项目，且两侧记忆项目的数量相同。在记忆序列出现前，会有一个箭头指向左侧或右侧，被试根据箭头的指向记忆出现在左侧或右侧的刺激；测试仅针对箭头指向方位的序列内容进行考察。CDA即与箭头指向同侧的电位和与箭头指向相反一侧的电位差值。CDA振幅越大说明记忆容量越大。结果发现，在记忆序列单侧数量大于2之后，高焦虑组被试的CDA振幅显著小于低焦虑组被试。Qi等认为这一结果提示焦虑个体的视觉工作记忆容量不足。然而，由于研究中需要被试根据箭头指示记忆特定方位的信息，而忽略另一方位的信息，研究结果可能混淆了抑制控制能力。而已有研究表明，焦虑与抑制控制不足有关，高焦虑个体更难抑制任务无关的刺激①。可见，针对这一结果的解释也需谨慎。

近期元分析研究总结了焦虑对视觉工作记忆容量的影响，结果发现焦虑与视觉工作记忆容量之间无显著相关性②。研究者指出，由于目前有关焦虑与视觉工作记忆容量关系的研究偏少，加之这些研究采用不同文化、不同焦虑类别的样本，研究之间差异较大，进而，对于焦虑如何影响视觉工作记忆容量需谨慎解释，也有必要进行后续研究。

---

① MORIYA J, SUGIURA Y. Socially anxious individuals with low working memory capacity could not inhibit the goal-irrelevant information [J]. *Frontiers in Human Neuroscience*, 2013, 7: 840.

② MORAN T P. Anxiety and working memory capacity: A meta - analysis and narrative review [J]. *Psychological Bulletin*, 2016, 142 (8): 831-864.

已有研究考察正常个体对面孔的工作记忆容量。针对面孔工作记忆容量的研究，研究者仍采用变化探测任务，但以面孔刺激为材料。这类研究结果表明，相对于简单刺激，面孔包含多种特征、复杂性高，进而，对于面孔的工作记忆容量估值低于简单刺激①。而且，面孔之间的相似性也会影响工作记忆容量表现②③。此外，有研究表明，相对于其他复杂刺激（汽车、手表等），对面孔的工作记忆容量更高，而这一效应只存在于正立面孔中，当使用倒立面孔时，这一效应消失。研究者认为，这提示了面孔的整体加工模式使其在工作记忆的维持中具有一定优势④。

在此基础上，有研究者考察正常个体对情绪面孔的工作记忆维持。研究者将正性、中性及负性面孔与变化探测任务相结合，结果发现，相比于高兴与中性面孔，个体对愤怒面孔的工

---

① ENG H Y, CHEN D, JIANG Y. Visual working memory for simple and complex visual stimuli [J]. *Psychonomic Bulletin & Review*, 2005, 12 (6): 1127-1133.

② JIANG Y V, SHIM W M, MAKOVSKI T. Visual working memory for line orientations and face identities [J]. *Attention, Perception, & Psychophysics*, 2008, 70 (8): 1581-1591.

③ JACKSON M C, LINDEN D E, ROBERTS M V, et al. Similarity, not complexity, determines visual working memory performance [J]. *Journal of Experimental Psychology: Learning, Memory, and Cognition*, 2015, 41 (6): 1884-1892.

④ CURBY K M, GAUTHIER I. A visual short-term memory advantage for faces [J]. *Psychonomic Bulletin & Review*, 2007, 14 (4): 620-628.

作记忆容量更大①。研究者认为，情绪面孔刺激同时传达情绪信息及特征信息，而威胁情绪将促进对特征的加工，提高工作记忆维持表现。然而，Jackson 等（2009）研究中使用的情绪面孔材料尽管生动地区分出三种情绪类别，但面孔如何表达特定情绪未加控制。这可能会使图片中的人物在表现愤怒表情时比在表现高兴及中性表情时具有更大的变异性（如，嘴开、闭，眉毛与鼻子皱、舒展，以及颔首程度），很可能影响工作记忆维持程度，造成对愤怒表情的记忆容量更大。Xie 等（2016）在其研究中使用的简笔画面孔以排除面孔表情缺乏控制的问题，他们认为工作记忆维持具有“趋利避害”动机，即对积极刺激记忆表现优于消极刺激，并且个体工作记忆资源越高，这一情绪偏差越明显②。类似的，Tamm 等（2017）利用简笔画面孔考察对情绪面孔的工作记忆加工，结果发现对于有 U 型特征（比如高兴和狡猾）的表情被试的记忆表现更好③。可见，情绪面孔具有的情绪信息及特征信息对工作记忆维持表现均有影响，而对于两者如何影响工作记忆容量成绩还有待

---

① JACKSON M C, WU C Y, LINDEN D E, et al. Enhanced visual short-term memory for angry faces [J]. *Journal of Experimental Psychology: Human Perception and Performance*, 2009, 35 (2): 363-374.

② XIE W, LI H, YING X, et al. Affective bias in visual working memory is associated with capacity [J]. *Cognition and Emotion*, 2017, 31 (7): 1345-1360.

③ TAMM G, KREEGIPUU K, HARRO J, et al. Updating schematic emotional facial expressions in working memory: Response bias and sensitivity [J]. *Acta Psychologica*, 2017, 172: 10-18.

澄清。

尽管目前已有部分研究考察个体对面孔的工作记忆容量，以及面孔表情对工作记忆维持的影响，仍无研究考察焦虑个体对情绪面孔刺激的工作记忆容量。面孔刺激作为具有生态效度的刺激，被大量用于对焦虑个体认知偏向的研究，也是焦虑个体在日常生活中随时会加工的刺激。因此，有必要考察焦虑者对面孔刺激的工作记忆容量。

2. 特质焦虑及其他焦虑类型对视觉工作记忆精确度的影响

在对视觉工作记忆精确度的考察中，研究者引入连续特征空间。具体而言，经典的变化探测任务会要求被试记忆多个色块，随后呈现一个探测刺激，要求被试判断该探测刺激是不是刚才记忆的目标刺激之一或者是否与刚才呈现在同一位置的目标刺激相同；抑或，呈现与记忆序列同样数量的测试序列，测试序列中可能有一个刺激与刚才所记忆的不同，要求被试判断测试序列与记忆序列是否相同①。而针对工作记忆精确度的测试，任务同样要求被试记忆多个色块，但记忆测试时不再有特定探测刺激出现，要求被试判断异同，而是呈现特定参考系，要求被试在参考系中辨别并报告记忆刺激。例如，在测试时呈现一个多色系融合的渐变颜色环（color wheel），其中包含了刚

---

① LUCK S J，VOGEL E K. Visual working memory capacity：from psychophysics and neurobiology to individual differences［J］. *Trends in cognitive sciences*，2013，17（8）：391-400.

才记忆的所有颜色维度；测试时，研究者指出特定的方位，要求被试从颜色环中选择出刚才呈现在这一位置的记忆刺激的颜色。被试在颜色环中选择的颜色与记忆刺激的颜色越接近，说明记忆精确度越高①。总之，工作记忆精确度任务要求被试报告记忆刺激在连续特征空间中的位置，并计算刺激在连续空间中的实际位置与被试报告位置之间的偏差值，以此作为记忆精确度指标：偏差越小，精确度越高。然而，这类研究多利用简单刺激进行，如颜色、线段朝向及空间频率刺激等，其结果提示工作记忆资源可灵活分配，存在表征精确度与表征数量的代偿②。

然而，目前尚缺乏研究考察特质焦虑者对面孔刺激的工作记忆精确度。部分研究者尝试考察面孔相似性对工作记忆容量的影响，涉及与记忆精确度有关的内容。Jiang 等（2008）考察面孔特征相似性对工作记忆成绩的影响③。他们利用 morphing 技术以两张面孔生成间隔梯度为 10% 的 11 张面孔，以中间平均脸为记忆目标刺激。结合变化探测任务，每次要求被试记忆 1—4 张面孔，一段时间间隔后，在其中一张面孔的

① MA W J, HUSAIN M, BAYS P M. Changing concepts of working memory [J]. *Nature Neuroscience*, 2014, 17 (3): 347-356.

② BAYS P M, HUSAIN M. Dynamic shifts of limited working memory resources in human vision [J]. *Science*, 2008, 321 (5890): 851-854.

③ JIANG Y V, SHIM W M, MAKOVSKI T. Visual working memory for line orientations and face identities [J]. *Attention, Perception, & Psychophysics*, 2008, 70 (8): 1581-1591.

位置呈现两张测试面孔：一张与记忆面孔相同，另一张为 morphing 序列中与记忆面孔间隔 10%—50% 的面孔。被试需要从两张面孔中选出记忆面孔。结果发现，当面孔差异在 30% 及以上时，被试对面孔的再认辨别成绩可接受（正确率大于 80%）。然而，Jiang 等的研究关注相似性对记忆复杂（即，面孔）和简单（即，线段朝向）刺激记忆容量的影响，并未直接考察个体对面孔刺激的记忆精确度水平。考虑到工作记忆容量—精确度代偿的理论假设，未来研究有必要考察特质焦虑者对面孔的工作记忆精确度，以完善对焦虑与工作记忆资源之间的关系的理解。

六、特质焦虑及其他焦虑类型者的视觉工作记忆与注意分配的关系

（一）工作记忆负荷对特质焦虑及其他焦虑类型者注意分配的影响

工作记忆资源作为重要的认知资源，对个体维持当前任务目标、排除干扰有重要作用。通过调节个体完成认知任务时的工作记忆载荷，研究者发现高工作记忆载荷条件下，个体更容易受到干扰刺激的影响。针对焦虑个体的研究结果发现，在高工作记忆负载条件下，高特质焦虑被试相对于低特质焦虑被试

更容易被中性的无关刺激干扰①②。另有实验引入情绪刺激，发现高焦虑组被试相对于低焦虑组被试在高知觉负载条件下更容易被无关的威胁刺激干扰③。

有研究者进一步探索工作记忆载荷对焦虑者的注意偏向类型的影响。Judah 等（2013）考察焦虑个体在不同工作记忆负载条件下的点探测任务表现④。研究者采用双任务，结合 N-back 任务和点探测任务，以操纵工作记忆负载，将实验条件分为无、低和高工作记忆负载条件。其中，无负载条件即单一的点探测任务，低负载条件即根据线索提示报告在上一个试次中出现的字母（1-back），高负载条件则要求根据线索提示报告前两个试次中出现的字母（2-back）。结果发现，在无载荷或低载荷条件下，焦虑个体表现出回避威胁倾向；而高载荷则使焦虑个体更难从威胁刺激上移除注意。研究者认为工作记忆载荷会影响个体可用的认知资源，进而影响非自动化的注意分配。低工作记忆载荷条件下，焦虑个体具有足够的认知资源，

---

① MORIYA J, TANNO Y. Attentional resources in social anxiety and the effects of perceptual load [J]. *Cognition and Emotion*, 2010, 24 (8): 1329-1348.

② QI S, ZENG Q, LUO Y, et al, LI H. Impact of working memory load on cognitive control in trait anxiety: an ERP study [J]. *PloS One*, 2014, 9 (11): e111791.

③ SOARES S C, ROCHA M, NEIVA T, et al. Social anxiety under load: the effects of perceptual load in processing emotional faces [J]. *Frontiers in Psychology*, 2015, 6: 125538.

④ JUDAH M R, GRANT D M, LECHNER W V, et al. Working memory load moderates late attentional bias in social anxiety [J]. *Cognition & Emotion*, 2013, 27 (3): 502-511.

从而可以策略性地回避威胁刺激；高工作记忆负载条件下，焦虑个体被剥夺认知资源，使其难以将注意从威胁刺激上移除。此外，研究证据表明，工作记忆容量低的个体更难抑制任务无关刺激，而这一现象在高焦虑个体中会被进一步扩大；高焦虑个体不仅难以抑制与目标接近的无关刺激，对于与目标不同的无关刺激也难以抑制①。可见，个体当前的工作记忆资源会影响注意控制功能，进而影响注意偏向。

（二）视觉工作记忆内容对个体注意分配的影响

研究表明，工作记忆内容会影响注意分配。根据选择性注意的偏向性资源竞争理论②，自下而上机制（如，刺激特征）和自上而下机制（如，当前目标）均会影响注意分配。在自上而下的机制中，工作记忆对注意分配具有重要影响。具体而言，工作记忆可以编码不同类型的信息输入，形成并维持对特定目标刺激的表征。工作记忆表征可以起到注意目标模板的作用，将注意导向与工作记忆内容相匹配的刺激。基于偏向性竞争理论，一系列研究考察了工作记忆表征如何自上而下的引导注意，为工作记忆表征能够影响注意分配提供支持性证据。研

---

① MORIYA J, SUGIURA Y. Socially anxious individuals with low working memory capacity could not inhibit the goal-irrelevant information [J]. *Frontiers in Human Neuroscience*, 2013, 7: 840.

② DESIMONE R, DUNCAN J. Neural mechanisms of selective visual attention [J]. *Annual Review of Neuroscience*, 1995, 18 (1): 193-222.

究支持工作记忆表征能够自动化地引导注意[①]；然而，当工作记忆表征与视觉搜索注意目标冲突时，抑制控制等执行功能会对注意分配加以调节[②]。

具体而言，Soto 等（2005）结合变化探测任务和视觉搜索任务考察工作记忆表征对视觉搜索中选择性注意的影响[③]。在变化探测任务部分，被试需要首先记忆一个带颜色的几何形状，并维持对这一刺激的记忆，在一段时间后会对被试的记忆准确性进行测试。在维持记忆期间，被试将进行视觉搜索任务。视觉搜索任务会呈现四个带颜色的几何形状，每个几何形状内部包含一条线段，这些线段中有一条带有偏向，其余的线段均为垂直朝向。被试需要搜索带有偏向的目标线段，并判断线段是偏向左侧或右侧。如此，搜索目标与记忆目标相互独立：搜索目标为偏向性的线段，记忆目标为带颜色的几何形状。同时，Soto 等操纵视觉搜索序列的构成：在带颜色的几何色块中，会有一个色块与记忆目标色块相似。而这个与记忆目

① SOTO D，HODSOLL J，ROTSHSTEIN P，et al. Automatic guidance of attention from working memory [J]. *Trends in Cognitive Sciences*，2008，12（9）：342-348.

② WOODMAN G F，LUCK S J. Do the contents of visual working memory automatically influence attentional selection during visual search? [J]. *Journal of Experimental Psychology*：*Human Perception and Performance*，2007，33（2）：363-377.

③ SOTO D，HEINKE D，HUMPHREYS G W，et al. Early，involuntary top-down guidance of attention from working memory [J]. *Journal of Experimental Psychology*：*Human Perception and Performance*，2005，31（2）：248-261.

标相似的刺激可能包含搜索目标，也即，记忆表征能够有效预测搜索目标位置，或包含无关刺激，也即，记忆表征预测干扰刺激的位置。结果发现，相对于记忆刺激完全不出现在搜索序列中时，当搜索目标线段出现在与工作记忆目标相似的色块中时，被试的视觉搜索速度更快，有更多初次眼跳至目标线段，而当无关干扰刺激出现在与工作记忆目标相似的色块中时，被试的视觉搜索速度更慢，更少有初次眼跳至目标线段。由此，Soto 等认为工作记忆表征能够自上而下地引导注意，并且，这个过程偏自动化，因为即便工作记忆所表征的刺激特征并非搜索目标，被试的注意仍会被导向与工作记忆内容相匹配的无关刺激，使得视觉搜索过程受到干扰。后续研究支持在当前维持的工作记忆表征与注意搜索的目标相匹配的条件下，工作记忆表征会自动化地将注意导向与工作记忆表征相匹配的刺激。研究者也进一步探索工作注意引导注意的神经机制，认为额顶区与枕叶皮层的功能联结为这一自上而下的通路提供支持①②。

另有研究发现，当工作记忆表征与注意搜索的目标不匹配时，尤其是工作记忆表征不可能与搜索目标一致而仅可能与干扰刺激一致时，工作记忆表征对视觉搜索目标的注意引导功能

① SOTO D, GREENE C M, CHAUDHARY A, et al. Competition in working memory reduces frontal guidance of visual selection [J]. *Cerebral Cortex*, 2012, 22 (5): 1159-1169.

② SOTO D, HUMPHREYS G W, ROTSHSTEIN P. Dissociating the neural mechanisms of memory-based guidance of visual selection [J]. *Proceedings of the National Academy of Sciences*, 2007, 104 (43): 17186-17191.

减弱，甚至使被试回避与工作记忆表征相匹配的刺激①。研究者进一步澄清工作记忆表征对选择性注意的作用机制，认为与工作记忆表征相匹配的刺激能被自动化地探测，然而，这一注意探测是否引发随即的注意捕获还会受到基于当前目标的抑制控制的调节。可见，工作记忆表征对注意的影响取决于工作记忆表征引发的自动化注意探测及抑制控制能力之间的相对平衡②：与工作记忆内容匹配的刺激将自动地被探测到，而基于当前目标的抑制控制参与调节这是否引发实质性的注意捕获。因此，工作记忆表征对注意的影响并非必然导致对匹配刺激的注意捕获，也可能表现出无引导甚至注意抑制效应。总体而言，工作记忆内容对注意的引导作用较为稳定，引导形式或机制还有待进一步探索。例如，有研究开始探索多个工作记忆表征能否同时对注意产生引导效应，研究结果也支持对多个刺激的工作记忆表征可以同时引导注意③④。

---

① WOODMAN G F, LUCK S J. Do the contents of visual working memory automatically influence attentional selection during visual search? [J]. *Journal of Experimental Psychology: Human Perception and Performance*, 2007, 33 (2): 363-377.

② SAWAKI R, LUCK S J. Active suppression of distractors that match the contents of visual working memory [J]. *Visual Cognition*, 2011, 19 (7): 956-972.

③ HOLLINGWORTH A, BECK V M. Memory-based attention capture when multiple items are maintained in visual working memory [J]. *Journal of Experimental Psychology: Human Perception and Performance*, 2016, 42 (7): 911-917.

④ VAN MOORSELAAR D, THEEUWES J, OLIVERS C N. In competition for the attentional template: Can multiple items within visual working memory guide attention? [J]. *Journal of Experimental Psychology: Human Perception and Performance*, 2014, 40 (4): 1450-1464.

基于焦虑的图示模型以及信息加工模型可知，在初期威胁探测之后，个体的认知加工过程会受到认知表征或图示的影响。例如，焦虑个体过度激活的威胁表征会使得焦虑个体在分配注意资源时更多地偏向环境中的潜在威胁。可见，在焦虑样本中探讨工作记忆表征对注意的引导效应具有理论意义。然而，目前极少有研究考察焦虑个体的工作记忆内容对其注意分配的影响。Moriya 和 Sugiura（2012b）在焦虑的亚临床样本中考察工作记忆的引导效应①。研究结果表明，相对于视觉搜索序列中没有与工作记忆内容相匹配的刺激（中性条件），当视觉搜索序列中具有与工作记忆内容相匹配的无关刺激时（无效条件），高焦虑组被试的搜索反应时显著变长；这一效应未受到工作记忆负载的影响。研究者认为，这反映出高焦虑组被试受工作记忆内容引导表现出对无关的、匹配的刺激的注意移除困难，更难根据当前目标调节注意分配。然而，这一研究采用中性的简单刺激，并混淆了工作记忆负载对注意分配的影响。因此，尚缺少研究考察不同情绪效价的工作记忆内容如何影响焦虑个体的注意分配。

---

① MORIYA J, SUGIURA Y. Impaired attentional disengagement from stimuli matching the contents of working memory in social anxiety [J]. *PloS One*, 2012b, 7 (10): e47221.

第二节 问题提出

一、前人研究的不足

针对病理性焦虑的认知机制，前人研究大都强调对威胁的注意偏向的作用。这可能过度简化了焦虑的认知机制。目前，越来越多的研究发现，执行功能异常对焦虑的发生、维持与发展有重要作用，但尚缺乏系统的实验研究。

具体而言，以往研究一度单一强调焦虑与注意偏向之间的关系，强调对威胁的注意偏向在焦虑的发生、发展及维持中起到关键作用。研究者认为对威胁的注意偏向将使得个体进入威胁应对模式，产生、维持、甚至加重焦虑感；而且，对威胁的注意偏向也会使个体丧失检视环境实际威胁性的机会，久而久之对特定刺激的焦虑感被巩固。

相应的，大量研究考察了焦虑与对威胁的注意偏向之间的关系。尽管数据支持焦虑与对威胁的注意偏向存在关联，但两者的关联模式却与理论假设存在不一致。首先，焦虑个体并不总表现出对威胁的注意偏向，两者的关联不稳定①。其次，不

① VAN BOCKSTAELE B, VERSCHUERE B, TIBBOEL H, et al. A review of current evidence for the causal impact of attentional bias on fear and anxiety [J]. *Psychological Bulletin*, 2014, 140 (3): 682-721.

同的焦虑个体表现出的注意偏向模式差异极大，如，关注威胁后注意移除困难，回避威胁，或者先警觉再回避等；而且，一些研究也显示不同的刺激类型（如，文字、面孔或情绪图片）、刺激呈现形式（动态、静态）、刺激呈现时间以及被试当前的情绪唤起等因素都会影响注意偏向的表现模式①。最后，改变对威胁的注意偏向对焦虑的改善效果小②。这提示，过度强调焦虑与注意偏向之间的关系一定程度上简化了焦虑的认知机制，而可能存在其他潜在因素影响焦虑与注意偏向之间的关系并参与影响焦虑的发生、维持与发展。

基于焦虑的认知模型及理论观点可知，焦虑的发生、维持与发展受到多种因素影响。越来越多的理论及实验性研究开始关注执行功能异常对焦虑的影响。而且，特质焦虑者的执行功能与注意分配之间可能存在相互作用。所以，未来研究应进一步探索影响焦虑的其他认知机制，在注意偏向的影响之外，进一步探讨执行功能的影响。然而，执行功能所包含的概念多，在进行研究时需要有所侧重。如前文所述，在考察焦虑者执行功能的研究中，焦虑与视觉工作记忆之间的关系值得关注。本研究将以视觉工作记忆为切入点开展研究，分别考察特质焦虑

① CISLER J M, KOSTER E H. Mechanisms of attentional biases towards threat in anxiety disorders: An integrative review [J]. *Clinical Psychology Review*, 2010, 30 (2): 203-216.

② YAO N, YU H, QIAN M, et al. Does attention redirection contribute to the effectiveness of attention bias modification on social anxiety? [J]. *Journal of Anxiety Disorders*, 2015, 36: 52-62.

者视觉工作记忆中的注意控制功能，视觉工作记忆资源，以及视觉工作记忆与注意分配的关系，以促进对特质焦虑的认知机制的理解。

二、问题提出

通过文献综述，作者认为视觉工作记忆功能及其与注意分配的关系会作用于焦虑的发生、维持与发展。具体而言，焦虑个体在视觉工作记忆编码及维持阶段的注意控制能力不足或者视觉工作记忆资源不足，会导致焦虑者更容易被无关威胁刺激干扰，并对无关威胁信息做进一步加工，进而引发焦虑。而且，焦虑的图示模型及认知行为治疗模型均强调个体当前的心理图示（即，认知表征）对选择性注意的影响；认知神经科学证据也表明工作记忆内容能引导注意分配。可见，视觉工作记忆内容可能引导焦虑者更多的关注环境中的威胁线索，进而引发焦虑。因此，本研究将系统考察特质焦虑者的视觉工作记忆特征及其与注意分配之间的关系。在此基础上，本研究将探讨视觉工作记忆功能及其与注意分配的关系对焦虑的发生、维持及发展的影响机制。具体而言，本系列研究将分三部分进行。对于这三部分研究，目前已有的研究进展及不足将在以下部分进行论述。

（一）特质焦虑者在视觉工作记忆中的注意控制功能

结合注意控制理论，研究者尤其关注特制焦虑个体根据指示选择性加工目标、抑制或排除无关刺激的能力，即，滤除功能。这些研究发现，特质焦虑者难以有效的抑制对无关刺激的加工，摒弃与当前任务不再相关的信息。而且，在对威胁信息的加工过程中，焦虑个体也难以定向加工目标、抑制无关威胁刺激的输入与维持，即便加工这些威胁刺激会显著干扰当前任务。考察焦虑个体的滤除功能具有重要的临床价值。例如，难以滤除无关（威胁）刺激很可能是引发焦虑症状（如，不合理的闯入性思维）的原因。目前有关焦虑与工作记忆滤除功能的研究仍然存在下列可改进之处。

1. 区分特质焦虑者注意控制不足的发生阶段

已有的考察特质焦虑个体滤除功能的研究会同时呈现记忆序列和线索指示，要求被试根据线索抑制对无关刺激的加工。尽管发现焦虑与滤除无关刺激困难有关，但无法明确抑制控制不足的发生阶段是在刺激输入时的工作记忆编码阶段，在刺激输入后的工作记忆维持阶段，或是对信息加工进程存在持续的影响。此外，这样的注意控制不足在不同的信息加工阶段是仅针对无关威胁刺激的滤除不足，还是针对整体的（如，正性、负性及中性）刺激的滤除不足。澄清这一问题将有助于完善焦虑的认知模型，为其提供实验证据支持。

根据焦虑的认知行为治疗模型可知，焦虑并非无端产生，当个体产生焦虑反应之前，往往会有一定的诱发事件。这一诱因可以是外界的威胁刺激，例如，他人的负性评价，也可以是内部的威胁线索，例如，闯入性的想法及意象，对自身、他人及未来的担忧等。更为重要的是，很多时候当焦虑发生时，并没有一个明显的外部诱因，而更可能是由一些闯入性的消极想法或意象（如，回想起过去的失败情景或设想到未来的困难情景等）引发进一步焦虑。可见，考察具有特质焦虑的个体对内部、无关线索的注意控制能力将有助于理解焦虑的发生、维持及发展机制，有必要进行系统研究。

然而，目前大量研究仅考察了焦虑个体对外界物理刺激的认知加工，例如，考察焦虑个体回避外界威胁线索的倾向①。很少有研究关注焦虑个体如何加工内部线索（如，忽然产生的思维和意象；内感性线索等）。一些研究尝试考察焦虑个体对内感性线索的认知加工偏向，但在研究手段上仍是将内感性线索外化、考察焦虑个体对外界环境中刺激的加工。例如，当考察焦虑个体对心率线索的关注时，研究者将心率反应外化为心电图，测试焦虑个体对心电图的注意水平②。因此，本研究希望能同时考察特质焦虑个体对外部环境中的刺激及内部工作记忆表征的注意控制功能。

2. 排除刺激显著性驱动的注意捕获的影响

Stout 等（2013）考察了焦虑个体对威胁信息的滤除功能，

① 岸本鹏子．社交焦虑伴抑郁共病个体的注意偏向研究［D］．北京：北京大学，2016.

② 林沐雨．高低社交焦虑个体在演讲任务中的注意分配［D］．北京：北京大学，2015.

发现焦虑个体更难滤除威胁信息①。Stout 等在其记忆序列中同时呈现威胁与中性刺激。然而，结合文献综述可知，焦虑个体在信息加工过程中可能更容易被威胁刺激捕获注意，尤其针对这类中性和威胁刺激的组合。Stout 等的记忆序列呈现方式可能导致结果混淆了目标驱动的注意控制和威胁刺激驱动的注意捕获的影响，进而，其实验结果难以解释为特质焦虑者对威胁性刺激的注意控制能力不足，而也在一定程度上反映了特质焦虑个体的注意更容易被威胁刺激捕获。所以，未来研究应控制注意捕获效应的干扰，检验特质焦虑个体对特定情绪刺激的注意控制能力，并进一步澄清特质焦虑者是否存在较为广泛的、非特异于威胁性刺激的注意控制不足，或者存在特异性的针对威胁刺激的注意控制不足。这将促进理解特质焦虑的认知机制。

（二）特质焦虑者的视觉工作记忆资源水平

视觉工作记忆资源为相关认知活动提供支持。视觉工作记忆资源包含容量（维持信息数量）及精确度（维持信息质量）两个维度；资源不足也将导致认知偏向的发生。已有研究探索焦虑与视觉工作记忆容量之间的关系，得到不一致的结果。一

① STOUT D M, SHACKMAN A J, LARSON C L. Failure to filter: Anxious individuals show inefficient gating of threat from working memory [J]. *Frontiers in Human Neuroscience*, 2013, 7: 58.

些研究发现特质焦虑与工作记忆容量增加有关①，而部分发现特质焦虑与容量减少有关②。元分析研究结果发现焦虑与视觉工作记忆之间无显著关系③。针对这种不一致，方法学的差异可能是一个原因。首先，有研究表明，当用以测试工作记忆容量的任务涉及认知控制功能时，测试所得的个体的工作记忆容量水平很大程度上反映其认知控制的功能水平④⑤。例如，Qi等（2014）以CDA振幅为因变量评估工作记忆容量水平⑥。然而，测试CDA需要被试对记忆刺激矩阵进行单侧加工，要求被试根据线索提示选择性加工左侧或右侧刺激矩阵并抑制对另一侧刺激的加工。可见，这类任务在测试个体记忆容量的同时也要求被试具备一定抑制控制的能力。鉴于以往研究提示焦虑

---

① MORIYA J, SUGIURA Y. High visual working memory capacity in trait social anxiety [J]. *PloS One*, 2012a, 7 (4): e34244.

② QI S, CHEN J, HITCHMAN G, ZENG Q, et al. Reduced representations capacity in visual working memory in trait anxiety [J]. *Biological Psychology*, 2014, 103: 92-99.

③ MORAN T P. Anxiety and working memory capacity: A meta - analysis and narrative review [J]. *Psychological Bulletin*, 2016, 142 (8): 831-864.

④ BURGESS G C, GRAY J R, CONWAY A R, et al. Neural mechanisms of interference control underlie the relationship between fluid intelligence and working memory span [J]. *Journal of Experimental Psychology: General*, 2011, 140 (4): 674.

⑤ CONWAY A R, KANE M J, ENGLE R W. Working memory capacity and its relation to general intelligence [J]. *Trends in cognitive sciences*, 2003, 7 (12): 547-552.

⑥ QI S, CHEN J, HITCHMAN G, ZENG Q, et al. Reduced representations capacity in visual working memory in trait anxiety [J]. *Biological Psychology*, 2014, 103: 92-99.

水平对抑制能力的影响，Qi 等的结果需谨慎解释。此外，在采用简单刺激进行变化探测任务时，如果研究者使用探测矩阵而非单一刺激考察被试的记忆成绩，被试可能利用组块等加工策略或以序列模式为记忆背景线索来促进记忆成绩①。Moriya 和 Sugiura（2012a）② 的研究中采用了由简单刺激组成的探测矩阵考察工作记忆容量水平，这可能混淆记忆加工策略的影响，使得高、低焦虑组被试之间的差异一定程度上反映出他们对简单刺激的模式识别差异。

更为重要的是，在对焦虑认知机制的研究中，大量研究使用面孔刺激并认为特定效价的情绪面孔属于焦虑特异性的刺激（如，愤怒面孔表征负性评价，高兴面孔表征积极反馈），具有极高的生态效度。然而，目前针对焦虑个体视觉工作记忆的研究仅利用简单刺激进行，有必要进一步考察焦虑个体对情绪面孔刺激的视觉工作记忆加工表现，在工作记忆资源层面上进一步探索特质焦虑个体对威胁信息的视觉工作记忆容量。并且，利用面孔刺激可有效排除工作记忆容量测试中背景效应的影响。如此，本研究拟采用变化—探测任务考察焦虑个体对情绪面孔的视觉工作记忆容量。

---

① MATSUKURA M，HOLLINGWORTH A. Does visual short-term memory have a high-capacity stage？［J］. *Psychonomic Bulletin & Review*，2011，18（6）：1098-1104.

② MORIYA J，SUGIURA Y. High visual working memory capacity in trait social anxiety［J］. *PloS One*，2012a，7（4）：e34244.

随着对视觉工作记忆资源研究的推进，研究者提出视觉工作记忆精确度的概念，认为在对视觉工作记忆资源进行描绘时，需要从工作记忆容量和工作记忆精确度两个方面进行描述①。研究者认为，需要考虑工作记忆容量—精确度代偿的可能性，即存在高容量—低精确度或低容量—高精确度的工作记忆资源分配方式②。然而，以往针对焦虑个体工作记忆资源的研究仅考虑了工作记忆容量表现，并未考察焦虑个体的工作记忆精确度，进而难以描绘出焦虑与视觉工作记忆资源之间关系的全貌。例如，Moriya 和 Sugiura（2012a）在其研究中发现焦虑个体工作记忆容量更大③。针对该结果的解释，即便排除记忆背景效应的影响，也无法排除工作记忆容量—精确度代偿的可能——焦虑个体视觉工作记忆容量更大是以视觉表征精确度更低为代偿而形成的。由此，单一考察焦虑个体的工作记忆容量而不考察其工作记忆精确度将很难评估焦虑个体的视觉工作记忆资源水平。未来研究有必要将特质焦虑个体的视觉工作记忆精确度也纳入考察。

更进一步，以往研究提出，对于情绪面孔的认知加工，面孔的物理特征及其情绪内容均对加工进程有影响。然而，以往

① MA W J, HUSAIN M, BAYS P M. Changing concepts of working memory [J]. *Nature Neuroscience*, 2014, 17 (3): 347-356.

② BAYS P M, HUSAIN M. Dynamic shifts of limited working memory resources in human vision [J]. *Science*, 2008, 321 (5890): 851-854.

③ MORIYA J, SUGIURA Y. High visual working memory capacity in trait social anxiety [J]. *PloS One*, 2012a, 7 (4): e34244.

针对正常个体的情绪面孔工作记忆容量的研究多关注面孔的情绪类别对面孔特征加工的影响，但对于情绪强度如何影响对面孔的工作记忆加工未达成一致结论。而且，没有研究考察面孔情绪内容本身在工作记忆中的维持状态。此外，最近研究表明，在对情绪面孔的变化探测任务中，被试探测面孔特征和表情变化的神经机制存在分离①。可见，在考察对情绪面孔的视觉工作记忆加工时，除了关注对情绪面孔特征的记忆容量及精确度之外，也应该考察对情绪面孔情绪内容本身的记忆精确度，如此，才能全面地理解特质焦虑个体对面孔刺激的工作记忆维持状态。

总体而言，目前针对焦虑个体视觉工作记忆容量的研究少，结果不一致，且局限于简单刺激；仍没有研究考察焦虑个体视觉工作记忆的精确度。结果的不一致性可能由方法学差异造成，而且，一些研究范式涉及认知控制功能，使得在考察个体工作记忆容量时混淆了抑制控制功能。因此，本研究将综合考虑前人研究的基础与不足，利用变化探测任务考察焦虑个体对情绪面孔的工作记忆容量及精确度，以完善对特质焦虑与视觉工作记忆资源水平之间关系的理解。

---

① ACHAIBOU A, LOTH E, BISHOP S J. Distinct frontal and amygdala correlates of change detection for facial identity and expression [J]. *Social cognitive and affective neuroscience*, 2016, 11 (2): 225-233.

（三）特质焦虑者的视觉工作记忆引导注意分配的功能

基于认知神经科学证据可知，工作记忆内容可影响注意分配。工作记忆可以整合、存储不同来源的信息，形成工作记忆表征；工作记忆表征可维持目标特征并起到注意模板的作用，将注意导向相关刺激。考察不同情绪效价的工作记忆表征对认知加工进程的影响与当前有关焦虑的认知模型更为契合。Beck等（1985）强调威胁图示，也即对威胁的认知表征，对焦虑个体形成认知偏差的重要影响①。然而，目前仅有研究者利用中性、简单刺激考察工作记忆表征对焦虑个体的选择性注意的影响，仍没有研究考察威胁性表征对焦虑个体注意偏向的影响。因此，未来研究有必要就此进行探讨。

三、本研究框架

结合上文，本研究将在前人研究的基础上，将视觉工作记忆纳入对焦虑认知机制的讨论中。本研究将聚焦于视觉工作记忆，系统地考察特质焦虑者的视觉工作记忆特征及其与注意分配的关系。鉴于特质焦虑是焦虑障碍的易感因子及重要病理心理特征，本研究结果将有助于加深对焦虑障碍发生、维持及发展的理解。

---

① BECK A T, EMERY G, GREENBERG R. *Anxiety disorders and phobias: A cognitive perspective* [M]. Basic Books/Hachette Book Group, 2005.

视觉工作记忆作为一个复杂的系统，包含中央执行功能及存储资源，各成分或功能之间存在联系，不能孤立看待。因此，本研究将系统地考察特质焦虑者在视觉工作记忆中的注意控制功能；特质焦虑者的视觉工作记忆资源水平；以及特质焦虑者的视觉工作记忆内容对注意的引导效应。其中，注意控制功能对于排除无关干扰、维持当前目标的具有重要作用；工作记忆的资源水平为认知活动的进行提供必要支持；工作记忆内容也将影响个体的注意分配。可见，这三者将间接或直接地作用于特质焦虑者对威胁信息的认知加工进程，进而影响焦虑水平。因此，本研究将从以下三方面考察并探讨特质焦虑的潜在认知机制。

（一）特质焦虑者在工作记忆编码及维持阶段加工情绪面孔时的注意控制功能

针对视觉工作记忆中的注意控制，已有研究虽发现焦虑个体难以将威胁信息从工作记忆中滤除，但由于方法限制，仍有可改进之处。具体而言，以往研究多关注焦虑个体对外界物理刺激进行加工时的注意控制能力，即，工作记忆编码阶段的注意控制，而未考察焦虑个体对内部心理内容，即，工作记忆表征，的注意控制能力。后者与焦虑的发生及维持具有重要关联。例如，无端发生的闯入性想法或意象（如，回顾过去的失败或设想未来将遭遇的困难等），如果不能被适应性地调节而受到过度关注，则将妨碍当前任务执行，引发焦虑。由此，研究一将聚焦于特质焦虑者对威胁性与非威胁性刺激的注意控制功能，分别考察焦虑个体在工作记忆编码阶段及工作记忆维持阶段选择性加工威胁与非威胁性目标，滤除干扰刺激的能力。这有助于理解焦虑个体对外界信息及内在工作记忆表征的注意控制功能，促进理解焦虑个体对威胁线索产生认知加工偏向的机制，从而帮助澄清焦虑的发生、维持及发展机制。

（二）特质焦虑者加工情绪面孔时的视觉工作记忆资源水平

目前仅少数研究考察了焦虑与工作记忆容量之间的关系，所得结果不一致。这可能是方法学差异所造成的。而且，以往研究均考察焦虑个体对简单刺激的工作记忆容量，并未针对焦虑特异性的刺激，如，情绪面孔，进行考察。此外，以往针对焦虑与工作记忆资源关系的研究仅以工作记忆容量为指标，而未考察焦虑对工作记忆精确度的影响。基于此，本研究研究二将聚焦于焦虑与视觉工作记忆资源的关系，以变化探测任务为测量方法，同时考察特质焦虑个体对情绪面孔的工作记忆容量及精确度，以期更全面地描绘出焦虑对个体视觉工作记忆资源的影响。

（三）特质焦虑者对情绪面孔的视觉工作记忆对注意的引导效应

针对视觉工作记忆引导注意，尚缺少研究在焦虑个体中探索威胁与非威胁性的工作记忆内容对其选择性注意分配的影响。基于认知神经科学的证据以及焦虑的图示模型，工作记忆内容会显著影响个体对外界环境中相关信息的注意分配。因此，有必要在焦虑个体中考察其对威胁与非威胁性信息的工作记忆内容如何影响其对外界威胁及非威胁性线索的选择性注意分配，进而在焦虑个体的内部心理活动（即，视觉工作记忆表征）及其对外部刺激的反应（即，注意分配）之间建立联结，以更整合的思路理解焦虑个体对外界威胁信息的认知加工偏向。基于此，研究三将利用双任务范式，结合变化探测任务及点探测任务，分别考察对威胁与非威胁性信息的工作记忆表征如何影响特质焦虑个体对外界威胁性线索的注意加工。这在一定程度上可以澄清工作记忆如何影响特质焦虑个体对威胁的注意偏向模式，有助于深入理解焦虑的认知机制。

（四）研究方案

本研究基于更为整合的理论框架进行三项研究。研究一考察特质焦虑者在视觉工作记忆中的注意控制功能，也即，在工作记忆编码（针对外界信息）及维持阶段（针对工作记忆表征），特质焦虑者对威胁与非威胁性信息的选择性加工能力或滤除干扰的能力；研究二关注特质焦虑者的视觉工作记忆资源，考察特质焦虑者加工威胁与非威胁性信息时的视觉工作记忆容量及精确度；研究三考察特质焦虑者的视觉工作记忆表征引导注意的功能，也即，特质焦虑者对威胁与非威胁性信息的视觉工作记忆表征如何自上而下地影响其对外界威胁与非威胁性线索的选择性注意。

具体而言，研究一主要考察特质焦虑者加工情绪面孔（包括负性、正性及中性面孔）时的注意控制功能，也即特质焦虑者在工作记忆编码及维持阶段对情绪面孔的选择性加工。研究一包括两个实验，通过将线索任务与变化探测任务相结合，考察高、低特质焦虑组被试根据任务要求（即，线索提示）对工作记忆内容进行操纵的功能。实验一利用后置线索，考察高、低特质焦虑组被试在工作记忆维持阶段针对内部心理内容（即，工作记忆表征）根据线索提示加工目标并排除干扰的能力。实验二利用前置线索，考察高、低特质焦虑组被试在工作记忆编码阶段对外界信息输入的选择性加工功能。由此可以回答以下问题，高、低焦虑组被试的注意控制是否存在差异；如果存在差异，差异发生在哪个认知加工阶段；如果发现高焦虑组被试存在注意控制不足，这是否为仅针对特定情绪效价刺激的控制不足，或为更广泛的控制不足。

研究二主要考察特质焦虑者加工情绪面孔（包括负性、正性及中性面孔）时的视觉工作记忆资源水平。具体而言，这部分研究包含四个实验以考察特质焦虑对情绪信息的工作记忆维持功能的影响。这部分研究会分别关注工作记忆的容量及工作记忆精确度。如此便能同时探索高、低焦虑组被试对情绪信息的工作记忆维持数量和质量上是否存在差异以及存在怎样的差异。由于情绪面孔涉及情绪及面孔特征两个维度，这部分研究还会分别考察被试对情绪面孔特征及情绪强度的工作记忆维持水平。具体而言，这部分实验主要利用变化探测任务及其变式进行实验，并包含相应的控制任务。实验材料包括愤怒、高兴及平静的情绪面孔，以及图像软件生成的渐变面孔序列。实验一主要考察高、低焦虑组被试对负性、正性及中性面孔的工作记忆维持容量。实验二主要考察高、低焦虑组被试对负性、正性及中性面孔特征的工作记忆维持精确度。实验三主要考察高、低焦虑组被试对负性、正性及中性面孔的情绪强度的基于感知觉和基于工作记忆表征的评估精确度。实验四主要考察被试对负性、正性及中性面孔的辨别能力以及焦虑水平对情绪面孔辨别的影响，以理解情绪面孔辨别难易度差异对实验结果的影响。

研究三主要考察特质焦虑者对情绪面孔（包括负性与中性面孔）的视觉工作记忆表征对注意的引导效应。这部分研究结合点探测与变化探测任务，包含三个实验任务。任务一在高、低特质焦虑组被试中考察维持对威胁信息的工作记忆表征，如何影响其对外部威胁和中性刺激的注意分配。任务二则在高、低特质焦虑组被试中考察维持对中性信息的工作记忆表征，如何影响其对外界威胁和中性刺激的注意分配。任务三考察维持对面孔的工作记忆表征如何影响高、低特质焦虑组被试对面孔刺激的注意分配。通过这三个任务可以考察在特质焦虑者中工作记忆表征自上而下地影响注意的作用通路是否成立，具体影响形式，以及对威胁的表征如何影响选择性注意。

第二章

研究一：特质焦虑者在视觉工作记忆维持及编码阶段的注意控制功能

研究一将考察特质焦虑对加工威胁与非威胁性刺激的注意控制功能的影响。相较而言，注意控制是一个更为动态的过程。结合焦虑的注意控制理论，工作记忆的注意控制功能涉及总体执行功能，例如，在工作记忆中抑制无关信息、执行目标加工等。针对工作记忆中的注意控制能力，以往研究多关注焦虑个体的滤除功能，也即个体选择性地加工目标刺激、排除无关刺激干扰的能力。研究者认为，焦虑个体可能是由于滤除功能不足，继而无法忽略无关威胁刺激，导致其对无关威胁刺激的过度加工，进而引发负面情绪。

然而，目前考察滤除功能的研究存在如下不足。首先，研究者结合线索刺激区分目标记忆项目与无关项目，然而，线索与记忆序列同时呈现，进而无法探索高、低焦虑个体之间的滤除功能呈现出差异的时程：高焦虑个体相对于低焦虑个体控制能力不足是出现在信息输入时的工作记忆编码阶段，信息输入后的工作记忆维持阶段，还是随着时间进程展开而表现出持续的控制能力不足。此外，Stout 等（2013；2015）在其研究中用到了情绪面孔刺激以考察焦虑个体根据线索提示、对无关威胁刺激的抑制功能[①][②]。然而，Stout 等在滤除条件下同时呈现中性和威胁性的面孔刺激，中性面孔始终为目标，而要求被试排除无关的威胁性刺激。鉴于已有研究表明针对中性和威胁性的面孔对，高焦虑个体的注意可能更容易被威胁刺激捕获，对威胁关注更多[③]。Stout 等的实验结果也可能反映出高焦虑个体相对于低焦虑个体更容易被威胁捕获注意，而并非体现高焦虑个体对威胁刺激的抑制能力不足。

针对这些不足，本部分研究将进行改进。首先，本研究将结合前置及后置线索任务，考察焦虑个体在信息加工进程中，在工作记忆编码（针对外部环境中的线索）及维持阶段（针对内部心理表征或工作记忆内容）的滤除功能，进而明确注意控制不足随时程的展开模式。其次，本部分研究中会避免使用异质性记忆矩阵（如，中性和负性的面孔对），而使用不同情绪效价的同质性记忆矩阵（即，威胁性记忆序列，正性记忆序

---

① STOUT D M, SHACKMAN A J, JOHNSON J S, et al. Worry is associated with impaired gating of threat from working memory [J]. *Emotion*, 2015, 15 (1): 6-11.

② STOUT D M, SHACKMAN A J, LARSON C L. Failure to filter: Anxious individuals show inefficient gating of threat from working memory [J]. *Frontiers in Human Neuroscience*, 2013, 7: 58.

③ 林沐雨. 高低社交焦虑个体在演讲任务中的注意分配 [D]. 北京: 北京大学, 2015.

列及中性记忆序列），进而可以考察个体对（无关）威胁及非威胁性信息的滤除功能。这将有助于理解抑制控制不足是针对威胁的特异性的功能缺陷或者是更广泛的、针对各类情绪刺激的功能缺陷。

具体而言，前置线索即在刺激呈现前指出需要记忆的目标刺激方位，可用于探索个体在刺激输入时的工作记忆编码阶段定向加工目标、抑制无关刺激的功能。后置线索即在记忆序列消失、形成工作记忆表征之后，指出稍后会被测试的目标表征位置，可用于探索在刺激输入后的工作记忆维持阶段定向加工目标表征、排除无关表征的功能。前置及后置线索均能有效提高被试的反应正确率，且利用线索进行选择性加工均需要执行功能参与。研究者发现，利用前置及后置线索均涉及额顶叶区域的神经活动，提示执行控制功能的参与；而相对于利用前置线索，后置线索额顶活动发生时间更早①。功能连接研究结果提示，额叶与枕叶功能连接越强，后置线索对被试任务表现的促进作用越强，支持执行控制参与调控个体利用线索对视觉工作记忆表征进行选择性加工的能力②。研究者认为，利用后置

① GRIFFIN I C, NOBRE A C. Orienting attention to locations in internal representations [J]. *Journal of Cognitive Neuroscience*, 2003, 15 (8): 1176-1194.

② KUO B C, YEH Y Y, CHEN A J W, et al. Functional connectivity during top-down modulation of visual short-term memory representations [J]. *Neuropsychologia*, 2011, 49 (6): 1589-1596.

线索将能够帮助个体排除与当前目标无关的干扰①，促进个体维持目标相关表征、防止目标表征衰减②。总之，无论是前置还是后置线索利用，两者均涉及自上而下的注意控制的调节，其中，前置线索需要个体对随后呈现的外界物理刺激进行选择性加工，而后置线索需要个体对内在工作记忆表征进行选择性加工③。

利用前置、后置线索任务及变化探测任务，研究一可以澄清焦虑个体滤除功能不足的发生阶段。同时，研究一将操纵记忆序列的情绪效价，考察焦虑个体在加工威胁、积极及中性记忆序列时排除无关信息的能力。这一操纵可以帮助明确滤除功能不足是否特异于对威胁信息的加工，同时又能避免在一个记忆序列中同时呈现威胁性和非威胁性刺激时的注意捕获效应的干扰。考虑到以往探索焦虑个体对威胁刺激认知偏向的研究中常以情绪面孔为材料，同时也承接前人有关注意控制的研究，研究一将以情绪面孔为材料区分威胁性及非威胁性情绪。面孔刺激本身具有生态效度且能够表达威胁性、非威胁性情绪，更

① SREENIVASAN K K, JHA A P. Selective attention supports working memory maintenance by modulating perceptual processing of distractors [J]. *Journal of Cognitive Neuroscience*, 2007, 19 (1): 32-41.

② MATSUKURA M, LUCK S J, VECERA S P. Attention effects during visual short-term memory maintenance: protection or prioritization? [J]. *Attention, Perception, & Psychophysics*, 2007, 69 (8): 1422-1434.

③ GAZZALEY A, NOBRE A C. Top-down modulation: bridging selective attention and working memory [J]. *Trends in Cognitive Sciences*, 2012, 16 (2): 129-135.

有利于考察焦虑个体在对威胁加工过程中的认知机制，与本研究主题相契合。总体而言，研究一将有助于描绘出在信息加工不同阶段，特质焦虑者维持目标、滤除干扰的能力。同时，研究一也有助于区分焦虑个体的滤除能力不足是否特异于威胁信息加工，抑或是针对整体信息（包括正性、中性及负性信息）的更广泛的滤除能力不足。

第一节 实验一：特质焦虑者在视觉工作记忆维持阶段的注意控制功能

一、实验目的

实验一将考察特质焦虑者在工作记忆维持阶段的滤除功能，也即，定向加工目标、排除干扰的能力或选择性加工信息的能力。考察特质焦虑者在工作记忆维持阶段的滤除功能具有理论及实践意义。日常生活中，我们每时每刻都需要对大量信息进行选择性加工，而这种选择性加工并非仅仅在一个时间点发生，而是随着时间展开的。继而，当刺激输入形成工作记忆表征，选择性加工将继续进行。其中，仅部分表征能够得到进一步加工，进而影响长时记忆或个体当前的反应（思维、情绪、躯体或行为反应等)[①]。可见，个体选择性加工目标相关的工作记忆表征，排除无关表征的能力值得关注。

焦虑的认知理论强调焦虑个体的认知加工偏差，尤其关注对威胁性信息的注意偏差[②]。已有研究系统性地考察焦虑个体对外部环境中的威胁信息及其躯体内感受性信息的注意偏向[③]。然而，当信息进入工作记忆形成认知表征之后，焦虑个体能否在所表征的信息间适应性地分配认知资源却尚未被考察。如上文所述，对信息的选择性加工随时间展开，是一个持续的过程。理解焦虑个体基于当前目标对认知表征进行选择性加工、抑制无关表征干扰的能力，是理解外部物理刺激输入后如何进一步对焦虑个体的知情意行产生影响的必要环节。这将丰富我们对焦虑个体认知偏差及焦虑症状的形成机制的理解。

此外，认知行为治疗理论认为，激发焦虑症状的前驱刺激并非仅限于外部物理刺激或内感性刺激，也包括个体的思绪或心理意象等内在线索。加之，个体身处的环境时刻变化着而个体对环境的注意焦点也不断转移，这使得特定物理刺激并非恒定存在于外界环境之中，而对个体造成持续影响的更可能是其

---

① CHUN M M, GOLOMB J D, TURK-BROWNE N B. A taxonomy of external and internal attention [J]. *Annual Review of Psychology*, 2011, 62: 73-101.

② MOGG K, BRADLEY B P. Anxiety and attention to threat: Cognitive mechanisms and treatment with attention bias modification [J]. *Behaviour Research and Therapy*, 2016, 87: 76-108.

③ 林沐雨. 高低社交焦虑个体在演讲任务中的注意分配 [D]. 北京：北京大学，2015.

对特定刺激的心理表征。那么，考察焦虑个体相对于非焦虑个体选择性加工威胁性与非威胁性表征的能力是否存在差异，将有助于理解焦虑的症状产生与维持机制。

已有研究表明，在工作记忆维持阶段，个体对后置线索的利用受到注意控制功能调节。当具有一定的注意控制功能，个体便能根据当前目标选择性地分配认知资源①。Stout 等（2013）则发现被加工刺激的情绪效价将影响焦虑个体根据线索提示排除无关刺激的能力②。然而，其研究未区分选择性加工目标刺激、滤除干扰的时程，也可能混淆了无关威胁刺激注意捕获的效应。进而，实验一将利用后置线索并结合变化探测任务，考察特质焦虑者在工作记忆维持阶段利用线索选择性分配认知资源，加工目标相关工作记忆表征、滤除无关表征干扰的能力。同时，实验一将考察工作记忆表征的情绪效价（威胁与非威胁）对这一选择性加工过程的影响。

本实验主要假设为：如果特质焦虑偏高者相对于特质焦虑偏低者，在后置线索条件下的反应正确率更低，则说明特质焦虑偏高者更难有效地利用后置线索选择性加工工作记忆表征。这一结果模式支持特质焦虑偏高者对工作记忆表征的注意控制

---

① GAZZALEY A, NOBRE A C. Top-down modulation: bridging selective attention and working memory [J]. *Trends in Cognitive Sciences*, 2012, 16 (2): 129-135.

② STOUT D M, SHACKMAN A J, LARSON C L. Failure to filter: Anxious individuals show inefficient gating of threat from working memory [J]. *Frontiers in Human Neuroscience*, 2013, 7: 58.

能力更弱。其中，如果特质焦虑偏高者对后置线索的利用困难仅针对负性刺激，那么，特质焦虑偏高者的注意控制不足是特异于负性工作记忆表征的。如果特质焦虑偏高者对后置线索的利用困难体现在对整体的（包括正性、中性及负性的）工作记忆表征的加工过程中，那么，特质焦虑偏高者具有更广泛的、而非特异性的注意控制不足。相应的，如果特质焦虑偏高者相对于偏低者，在后置线索条件下反应正确率无差异，则说明特质焦虑水平对个体对工作记忆表征的注意控制能力无显著影响。

二、方法

（一）被试

实验一通过多种渠道招募成年被试，例如，通过学校论坛及微信等平台发布招募广告。被试报名后需要填写一系列自陈报告的量表以判断是否符合实验要求。自陈量表的筛选标准如下：基于特质焦虑量表得分对被试进行分组，以常模均值为界，邀请得分大于均值一个标准差以上的被试进入高特质焦虑组，得分低于均值的被试进入低特质焦虑组。实验一共有 43 名被试参与实验，被试的平均年龄为 21 岁。其中，高特质焦虑者 20 人，低特质焦虑者 23 人，高焦虑组被试的特质焦虑及抑郁水平均显著高于低焦虑组。

（二）测量工具

状态—特质焦虑量表—特质分量表（State-Trait Anxiety Inventory-Trait；STAI-T）：状态—特质焦虑量表的特质分量表旨在测定人格特质中稳定的焦虑倾向，反映人们经常性的焦虑体验。该量表含有 20 个项目。被试需要对每个项目进行 4 级评分。中文版 STAI-T 量表具有较好的信效度①②。

贝克抑郁量表（Beck Depression Inventory；BDI）：BDI 是最常用的抑郁自评量表，适用于成年期各年龄段的人群。该量表包含 21 个项目。被试需要对每个项目进行 4 级评分。中文版量表具有较好的信效度③。

（三）实验材料

情绪面孔刺激：以 44 张平静面孔（50%男性）④ 为模板，利用 FaceGen 软件生成相应的 3D 面孔图像 44 张，过程中去除头发及面部纹理。其中，30 张用于正式实验（50%男性），14 张用于练习。对于用于正式实验的 30 张中性面孔，利用 FaceGen 软件 Morph 功能调节其情绪类别及强度：分别在愤怒

① 李文利，钱铭怡．状态特质焦虑量表中国大学生常模修订［J］．北京大学学报：自然科学版，1995，31（1）：108-112.

② 汪向东，王希林，马弘．心理卫生评定量表手册（增订版）［M］．北京：中国心理卫生杂志社，1999：238-241.

③ 汪向东，王希林，马弘．心理卫生评定量表手册（增订版）［M］．北京：中国心理卫生杂志社，1999：191-194.

④ YANG J，XU X，DU X，et al. Effects of unconscious processing on implicit memory for fearful faces［J］. *PloS One*，2011，6（2）：e14641.

和高兴的情绪维度上设定为 1，生成 30 张愤怒面孔与 30 张高兴面孔。通过上述操作，实验一得到 30 张×3 情绪类别（高兴、愤怒、平静）共 90 张面孔。对于用以练习的 14 张面孔，研究者做同样处理，共得到 42 张用以练习的面孔。

以椭圆截取面孔，以去除无关刺激（如，耳朵、轮廓），将得到的面孔缩小比例为 100×130 像素的图片。以 44 张原始面孔经 FaceGen 生成的 3D 图片为基准，将其由彩色转化为灰度图，计算每张面孔的亮度和对比度，得到这 44 张面孔的平均亮度和对比度，以此作为标准亮度和对比度。将其余所有 Morph 生成的面孔转化为灰度图，并调节到此标准亮度和对比度，进而平衡所有面孔的亮度和对比度。

研究者邀请 12 名心理学专业的成人被试对每张面孔的情绪强度进行评估，以确认上述材料是否能够有效呈现不同的情绪效价。评估采用 9 点量表，其中，1 代表非常愤怒，5 代表中性，9 代表非常高兴。评分前，12 名评分者充分理解了评分要求，即，评估每张面孔的情绪类别及情绪强度。评分时，待评价的面孔随机出现，依次呈现在电脑屏幕中央，每次出现一张面孔，在面孔下方呈现评分维度。评分者根据自己的直观感受按下电脑键盘上的数字键进行评分。评分结果显示，高兴、平静和愤怒三类情绪面孔的评分差异显著，并且，用于正式实验的 30 张中性面孔与其对应的高兴和愤怒面孔情绪差异显著。

（四）实验设计

实验一采用后置线索任务。研究设计为 3 情绪效价（中性或平静、正性或高兴、负性或愤怒）×2 线索类别（后置线索、中性线索）×2 探测条件（相同、不同）×2 组别（高焦虑、低焦虑）多因素设计。其中，情绪效价、线索类别和探测条件为组内变量；组别为组间变量。因变量为被试判断探测面孔与目标面孔异同的正确率。实验一记录被试的正确率和反应时。

（五）实验流程

实验任务的记忆序列包含 3 张面孔，这 3 张面孔的情绪效价和性别相同，但面孔身份不同。在记忆序列之后会出现线索刺激。线索包括两种类型：后置线索和中性线索。两种线索的主要区别为是否给出空间提示。其中，后置线索即晚于记忆序列 1000 毫秒出现的空间线索，中性线索即无空间线索。线索形式如下：在注视点周围呈现 6 条具有指向性的线段，分别由屏幕中心指向面孔可能出现的 6 个方位，线段长度为 30 像素，线宽 5 像素。在后置线索条件下，6 条线段之中有 1 条为白色，其余为灰色，从而引导被试关注白色线段所指方位。后置线索能有效预测目标刺激方位，也即探测刺激将出现的位置。中性线索条件下，6 条线段均为灰色，对目标刺激方位没有提示性。

实验任务的流程如下：以中性、愤怒、高兴情绪为组块，每个组块共 96 个试次。实验包含 96 试次×3 组块，共 288 个试次。组块间及组块内每32个试次被试可以选择休息，休息时间由被试自行按键控制。每个试次开始，屏幕中央呈现绿色“+”注视点200毫秒。随后呈现400毫秒的白色“+”注视点。注视点消失后呈现记忆序列。记忆序列包含3张面孔，均呈现在以屏幕中央为中心，半径为150像素的圆环上；这一圆环上均匀区分6个位置，3张面孔随机呈现于其中3个位置。面孔序列维持1500毫秒后消失，屏幕上呈现中央注视点，维持1000毫秒后消失。随后呈现100毫秒的线索刺激。各组块内，2/3的试次（即，64个试次）里呈现后置空间线索，能准确预测目标探测刺激位置；1/3的试次里呈现中性线索，线索无空间指向性，从而无法预测探测刺激位置。后置线索呈现时，白色线段指向特定方位，进而引导被试关注其面孔序列记忆表征中的相应方位；中性线索呈现时，无引导性。空间线索消失后，呈现1000毫秒的中央注视点。随后，探测面孔出现。探测面孔呈现在以屏幕中央为中心，半径150像素的圆环上，其位置与一张记忆面孔（即，目标面孔）的位置相同。指导语要求被试记住记忆序列所包含的面孔，并判断探测面孔与刚才出现在同一位置的目标面孔是否相同。探测面孔与目标面孔在1/2的试次中相同。如果相同，探测面孔与目标面孔的身份相同；如果不同，探测面孔身份不同于该试次记忆序列中的任何一张面孔。

被试单击鼠标左键或右键反应，对应键在被试间平衡。具体而言，编号为偶数的被试，如果探测面孔与目标面孔相同则单击左键，不同单击右键；编号为奇数的被试，如果探测面孔与目标面孔相同则单击右键，不同单击左键。实验任务要求被试尽量保持正确率。程序会记录鼠标点击的时间和按键（左或右），随后进入下一个试次。如果被试未能在 5 秒内做出反应，程序自动运行至下一试次。试次之间间隔 500—800 毫秒的黑屏。每个情绪组块中，30 张面孔随机出现，并保证相邻试次的面孔身份不同。同时，保证男性面孔和女性面孔出现概率相同。

正式实验前，被试进行练习。练习阶段仍以中性、愤怒和高兴情绪为组块，包含 3×16 个试次。每个情绪组块中，3/4 试次呈现后置空间线索，1/4 呈现中性线索。1/2 的试次中，探测刺激与目标刺激相同。练习阶段使用的面孔材料与正式实验不同，其中男性面孔占 50%，中性、正性和负性面孔材料各 14 张，共 42 张面孔。练习阶段任务流程与正式实验相同，但每个试次被试按键反应后会给予“正确”或“错误”的反馈，以帮助被试尽快理解实验要求。同样，练习过程中如果被试未能在 5 秒内做出反应，程序则反馈“?”，并进入下一试次。

总体实验流程如下：实验开始前，主试向被试简单介绍实验内容，并获得知情同意。随后更详细的解释实验规则。实验开始后，请被试选择舒适的姿势坐在电脑前并将头放到支架上。主试协助调节支架位置（上下位移），从而固定头部到电脑屏幕的距离，并保持视线与屏幕中央持平。确定支架位置后，整个实验过程中不再改变其位置。实验任务进行时，要求被试尽量保持头部不动，中间休息时可以活动。正式实验开始前，被试先进行练习以帮助其理解任务要求，练习完成后，确认被试对实验要求无疑问，随后被试完成正式实验任务。

（六）数据分析

对于每个被试，分别计算其在每种面孔情绪条件下的个人平均反应时和标准差，剔除反应时过慢的、位于个人反应时两个标准差以外的试次，以及反应时过快的、低于 300 毫秒的试次。基于该标准，在愤怒、高兴和平静情绪条件下剔除的试次数相当。但是，在不同线索条件下剔除的试次数有差异，后置线索条件下剔除的试次数显著多于中性线索条件。在剔除试次数上，我们没有发现存在情绪效价和线索条件的交互效应。实验一利用余下数据进行后续统计分析。

实验一关注的主要参数是敏感度 d′值。具体而言，研究者计算被试在每种情绪类别及记忆线索条件下的击中率（hit）和虚报率（false alarm）。击中率即测试刺激与目标刺激相同时，被试报告相同的概率；虚报率即测试刺激与目标刺激不同时，被试报告相同的概率。研究者利用每种面孔情绪及记忆线索条件下（3 情绪类别×2 记忆线索共 6 个条件）的击中率、虚报率计算 d′值。首先，处理极端值，处理方法如下：当击中率或虚报率为 0 时，矫正为 0.5/n；击中率或虚报率为 1 时，矫正为（n-0.5）/n（n 为特定条件下，信号出现试次数或噪声试次数）①。然后，利用矫正后的击中率和虚报率计算 d′值。d′值计算公式如下：d′=z［p（H）］-z［p（FA）］。对 d′值进行多因素重复测量方差分析。自变量为 3 种面孔情绪（愤怒、高兴、平静）×2 记忆线索（后置线索、中性线索）×2 组别（高焦虑组、低焦虑组），前两项为被试内变量，因变量即 d′值。对结果进行事后分析时做 Bonferroni 矫正。此外，考虑到高、低特质焦虑组被试之间在抑郁水平上存在显著的差异，数据分析时控制抑郁得分，进而考察在控制抑郁水平之后，特质焦虑水平与被试在后置线索和中性线索条件下的反应敏感度之间的相关关系。

此外，实验一也会对被试的反应时进行记录。实验一计算被试在每种情绪类别及记忆线索条件下反应正确时的反应时（3 情绪类别×2 线索条件共 6 个条件），在每种情绪类别条件下反应正确时的反应时（3 情绪类别条件），以及在每种记忆线索条件下反应正确时的反应时（2 线索条件）。

① MACMILLAN N A，KAPLAN H L. Detection theory analysis of group data：estimating sensitivity from average hit and false-alarm rates［J］. *Psychological Bulletin*，1985，98（1）：185-199.

三、结果

(一) 敏感度

以被试在不同情绪类别及线索条件下的敏感度 d′值为因变量，进行 2 组别（低特质焦虑、高特质焦虑）×2 线索条件（后置线索、中性线索）×3 情绪类别（愤怒、高兴、平静）的重复测量方差分析，同时控制抑郁得分。结果显示，组别与线索条件之间存在显著的交互作用，其余主效应及交互作用均不显著。鉴于上述分析没有发现情绪类别的主效应及交互效应，后续分析合并三种情绪类别条件，进行 2 组别（低特质焦虑、高特质焦虑）×2 线索条件（后置线索、中性线索）的重复测量方差分析，同时控制抑郁得分。结果显示，线索与组别交互作用显著，而线索和组别的主效应均不显著。

为了进一步理解线索与组别的交互效应，利用单因素方差分析分别考察高、低特质焦虑组被试在不同线索条件下的反应敏感度 d′值差异。结果显示，在后置线索条件下，高特质焦虑组被试的反应敏感度显著低于低特质焦虑组；而在中性线索条件下，高特质焦虑组被试的反应敏感度与低特质焦虑组被试无明显差异。高特质焦虑组被试在后置线索与中性线索条件下的敏感度 d′值差异，及低特质焦虑组被试在后置线索与中性线索条件下的敏感度差异均不显著。

利用偏相关分析控制抑郁水平的影响，考察特质焦虑水平与后置及中性线索条件下被试的反应敏感度 d′值之间的关系。相关分析结果与方差分析结果一致。结果支持特质焦虑水平越高，个体对后置线索的利用能力越低，表现为在后置线索条件下特质焦虑水平越高的被试，其反应敏感度水平越低。而在中性线索条件下，特质焦虑水平与被试的反应敏感度之间无显著相关。

（二）反应时

实验一对被试反应正确时的反应时进行 2 组别（低特质焦虑、高特质焦虑）×3 情绪类别（愤怒、高兴、平静）×2 线索条件（后置线索、中性线索）的重复测量方差分析，同时控制抑郁得分。结果显示，线索主效应显著。Bonferroni 矫正过后的成对比较结果显示，当判断正确时，被试在后置线索条件下的反应时快于其在中性线索条件下的反应时。其余效应均不显著。

四、讨论

实验一结果显示，当后置线索准确提示目标刺激位置时，特质焦虑水平偏低的个体对目标刺激的记忆准确率显著大于高特质焦虑者；而两者在中性线索条件下的记忆准确率差异不显著。可见，当外界物理刺激消失，仅具有对外界刺激的认知表征时，高特质焦虑者难以根据线索指示选择性地加工当前的认知表征，保护与目标相关的表征并排除其他无关表征的干扰。个体的注意控制功能调节其利用后置线索的能力，故该结果可能提示高特质焦虑者在工作记忆维持阶段的注意控制能力不及特质焦虑偏低者。然而，高特质焦虑者在工作记忆维持阶段的滤除能力不足并非仅针对威胁表征，而是针对整体信息（包括正性、中性及负性信息）的注意控制不足。由于实验一在每个试次内所呈现的刺激情绪效价一致，这降低了信息加工初期刺激驱动的注意捕获的影响，而聚焦于刺激输入后对工作记忆表征的选择性加工。基于实验结果可认为，特质焦虑偏高者在工作记忆维持阶段的注意控制功能不足不受工作记忆内容情绪效价的调节，也即，对威胁的、积极的及中性的信息，特质焦虑偏高者均更难以根据线索提示定向地加工目标表征并滤除无关表征。

实验一结果对理解焦虑的发生及发展机制具有一定的推进作用。具体而言，焦虑的认知行为模型认为焦虑反应并非无端产生，而是受前驱事件的诱发所产生的。很多时候焦虑反应并非由明确的外界刺激诱发，而可能由内在心理表征诱发，例如，无端出现的、不受个人意志控制的闯入性意象。实验一考察了特质焦虑偏高者相对于偏低者，对负性、中性及正性工作记忆内容的注意控制能力。结果发现，对于整体信息，特质焦虑偏高者更难根据当前目标选择性地加工工作记忆内容、排除无关表征。结合焦虑的认知行为模型，本实验结果提示特质焦虑偏高者可能在对闯入性意象的选择性加工上存在缺陷，而且，这一选择性控制不足不受闯入性意象的情绪效价的影响。一定程度上，个体对闯入性意象的过度关注或抑制不足可能干扰当前目标任务的执行，尤其当闯入性思维带有消极色彩时。可见，特质焦虑偏高者对工作记忆内容的注意控制不足可能使其更容易受到无关心理意象的干扰，进而引发并维持焦虑。

五、小结

（1）特质焦虑水平对个体在工作记忆维持阶段的注意控制功能具有影响：特质焦虑偏高者利用后置线索选择性加工目标表征、滤除无关表征干扰的能力低于特质焦虑偏低者，表现为在后置线索条件下，特质焦虑偏高者的记忆成绩低于特质焦虑偏低者。

（2）认知表征的情绪效价不会影响特质焦虑者在工作记忆维持阶段的注意控制能力：特质焦虑偏高者滤除能力不足并非仅针对威胁性表征加工，而是表现出更广泛的滤除能力不足。

第二节 实验二：特质焦虑者在视觉工作记忆编码阶段的注意控制功能

一、实验目的

实验一考察了高、低特质焦虑个体在工作记忆维持阶段的滤除功能，即当刺激输入形成工作记忆表征之后，个体对表征的选择性加工能力。结果发现，特质焦虑偏高者对认知表征的选择性加工能力整体低于特质焦虑偏低者。实验二将进一步考察在工作记忆编码阶段，高、低特质焦虑个体对输入信息的选择性加工能力。鉴于个体认知资源有限，当外界刺激输入时，选择性加工也将进行。工作记忆作为一种重要的认知资源，其容量有限性，这使其只能表征部分输入刺激，进而成为信息输入过程中的重要闸门。理解特质焦虑者在工作记忆编码阶段对目标相关信息的定向加工及滤除无关刺激输入的能力，尤其是对具有威胁性的信息的筛选能力，也将有助于理解焦虑对威胁的认知偏向的形成机制以及焦虑症状的维持机制。

Stout 等（2013）结合 ERP 技术考察特质焦虑者根据线索

指示对信息进行选择性加工的能力①。结果发现，当要求被试记忆中性目标而干扰刺激具有威胁性时，被试难以有效地抑制对干扰刺激的加工；而当干扰刺激为中性时，被试则能抑制对干扰物的加工。然而，Stout 等使用的记忆序列由中性及威胁性面孔构成，难以排除刺激驱动的、自下而上的选择性注意的影响：相对于中性目标和中性干扰物条件，中性目标和威胁性干扰物条件中的威胁性干扰物更显著，会自下而上的影响注意分配。进而，特质焦虑高分者更难滤除威胁，也可能是反映了这一注意捕获效应，而非特质焦虑高分者利用线索抑制干扰物的能力。后者需要自上而下的执行功能参与调节。而且，Stout 等同时呈现线索刺激及记忆序列，不利于区分高、低焦虑组被试对干扰物加工差异的发生时间。

进而，实验二将利用前置线索任务，使用情绪效价一致的记忆序列，考察个体在工作记忆编码阶段利用线索定向加工目标刺激、滤除无关信息输入的能力。同时，实验二将考察输入信息的情绪效价对焦虑个体滤除能力的影响，进而澄清焦虑个体如果表现出滤除能力不足，是否仅针对威胁刺激或是存在对整体信息（包括正性、中性及负性信息）的抑制控制不足。结合实验一和实验二的结果，我们将能描绘出在信息加工过程

① STOUT D M，SHACKMAN A J，LARSON C L. Failure to filter：Anxious individuals show inefficient gating of threat from working memory [J]. *Frontiers in Human Neuroscience*，2013，7：58.

中，随着时间进程展开，焦虑个体的注意控制功能不足的呈现模式。

实验二假设如下：如果特质焦虑偏高者相对于特质焦虑偏低者，在前置线索条件下的反应正确率更低，则说明特质焦虑偏高者更难利用前置线索选择性加工信息输入、对外部物理信息的注意控制能力更弱。其中，如果特质焦虑偏高者对前置线索的利用困难仅针对负性刺激，那么，特质焦虑偏高者的注意控制不足是特异于负性信息的；如果特质焦虑偏高者对前置线索的利用困难体现在对整体（包括正性、中性及负性）信息输入的加工过程中，那么，特质焦虑偏高者具有更广泛的注意控制不足。相应的，如果特质焦虑偏高者相对于偏低者，在前置线索条件下反应正确率无差异，则说明特质焦虑水平对个体对外界信息的注意控制能力无显著影响。

二、方法

（一）被试

实验二与实验一使用同一组被试，以对比高低焦虑组被试在工作记忆编码阶段与维持阶段对不同情绪类别信息的操纵能力。被试在完成实验一后进行实验二。被试可自行控制实验之间的休息时间。实验二的被试信息、分组情况与实验一相同。实验一与实验二的总时长约 90 分钟。

（二）测量工具

实验二涉及的测量工具与实验一相同。

（三）实验材料

实验二所用的情绪面孔材料与实验一相同。

（四）实验设计

实验二采用前置线索任务。实验设计为 3 情绪效价（中性或平静、正性或高兴、负性或愤怒）×2 线索类别（前置线索、中性线索）×2 探测条件（相同、不同）×2 组别（高焦虑、低焦虑）多因素设计。情绪效价、线索类别和探测条件为组内变量，组别为组间变量。因变量为被试判断探测面孔与目标面孔异同的正确率。实验二记录被试的正确率和反应时。

（五）实验流程

实验采用的记忆序列包含 3 张面孔，这 3 张面孔的情绪效价和性别相同，但面孔身份不同。与实验一不同，实验二在记忆序列之前出现线索刺激。线索包括两种类型：前置线索和中性线索。其中，前置线索即先于记忆序列 1000 毫秒呈现空间线索；中性线索即无空间线索。线索形式与实验一相同。前置线索能有效预测目标刺激方位，也即，指出探测刺激即将出现的位置。中性线索条件下，线索对目标刺激方位无提示性。

具体实验任务流程如下：以中性、愤怒和高兴情绪为组块，每个组块 60 个试次。实验包含 60 试次×3 组块，共 180 个试次。组块间及组块内，被试每完成 30 个试次后可以休息，休息时间由被试自行按键控制。每个试次开始后，屏幕中央呈现绿色“+”注视点 200 毫秒。随后呈现 400 毫秒的白色“+”注视点。注视点消失后线索刺激出现，呈现时间为 100 毫秒。各组块内，有 2/3 试次（40 试次）为前置空间线索，能准确预测探测刺激位置；1/3 试次为中性线索，无空间指向性。前置线索呈现时，白色线段指向特定方位，进而引导被试关注屏幕上的相应方位；中性线索呈现时，无引导性。空间线索消失后，屏幕呈现 1000 毫秒的“+”注视点。随后呈现记忆序列。记忆序列包含 3 张面孔。面孔呈现方位即在屏幕上 6 个特定的位置中随机选择 3 个位置（同实验一后置线索任务）。面孔序列呈现 1500 毫秒后消失。屏幕上再次呈现中央注视点，维持 1000 毫秒后消失。随后，探测面孔出现。探测面孔呈现在以屏幕中央为中心，半径 150 像素的圆环上，其位置与一张记忆面孔（即，目标面孔）相同。被试需要记住记忆序列所包含的面孔，并判断探测面孔与刚才出现在同一位置的目标面孔是否相同（在 50%试次中相同）。

与实验一相同，被试单击鼠标左键或右键进行反应，基于被试奇、偶编号在被试间平衡按键顺序。实验任务要求被试尽量保持正确率。被试按键后进入下一个试次。如果被试未能在 5 秒内做出反应，程序自动运行至下一试次。试次之间间隔 500—800 毫秒的黑屏。每个情绪组块中，30 张面孔随机出现，并保证相邻试次的面孔身份不同。同时，保证男性面孔和女性面孔出现的概率相同。正式实验前进行练习。练习阶段仍以中性、愤怒和高兴情绪为组块，包含 3×10 个试次。练习阶段任务流程与正式实验相同，但不同于正式实验，练习阶段会给予被试反应正确或错误的反馈。

（六）数据分析

对于每个被试，分别计算其在每种面孔情绪条件下的个人平均反应时和标准差，剔除反应时过慢的、位于个人反应时两个标准差以外的试次，以及反应时过快的、低于 300 毫秒的试次。针对不同实验条件下剔除的试次数，进行 3 情绪类别×2 线索条件重复测量方差分析。结果发现，愤怒、高兴和平静情绪条件下，剔除试次数的差异不显著；线索主效应不显著；情绪与线索交互作用不显著。利用余下的数据进行统计分析。

实验二计算被试的敏感度 d′值及反应正确时的反应时。计算方法与实验一相同。同样，对上述参数进行 3 情绪类别（愤怒、高兴、中性）×2 记忆线索（前置线索、中性线索）×2 组别（高焦虑组、低焦虑组）的重复测量方差分析；其中，情绪类别、记忆线索为组内变量。此外，利用偏相关分析控制抑郁得分，考察特质焦虑水平与被试在前置和中性线索条件下的反应敏感度之间的相关关系。

三、结果

(一) 敏感度

以每个被试在不同情绪类别及线索条件下的敏感度 d′值为因变量，进行 2 组别（低特质焦虑、高特质焦虑）×2 线索条件（前置线索、中性线索）×3 情绪类别（愤怒、高兴、平静）的重复测量方差分析，同时控制抑郁得分。结果显示，情绪类别的主效应显著。Bonferroni 矫正后的成对比较结果显示，被试对愤怒面孔的敏感度低于其对高兴和平静面孔的敏感度，其余的两两差异不显著。线索主效应显著。Bonferroni 矫正后的成对比较结果显示，被试在前置条件下的敏感度高于其在中性线索条件下的敏感度。此外，情绪类别与组别的交互作用显著。其余效应不显著。实验二合并两种线索类别条件，进行 2 组别（低特质焦虑、高特质焦虑）×3 情绪类别（愤怒、高兴、平静）的重复测量方差分析，同时控制抑郁得分。结果显示，情绪类别主效应显著。Bonferroni 矫正后的成对比较结果显示，对愤怒面孔的敏感度显著低于对高兴和中性面孔的敏感度。然而，组别的主效应不显著。情绪类别与组别交互作用显著。利用单因素方差分析分别考察高、低特质焦虑组被试对愤怒、高兴及中性面孔的敏感度差异。结果显示，在愤怒和高兴的情绪类别条件下，组间差异不显著。在中性面孔条件下，高焦虑组被试的敏感度显著低于低焦虑组被试。分别比较两组被试对不同情绪效价的面孔的敏感度发现，低焦虑组被试对三种情绪效价面孔的敏感度无显著差异；高焦虑组被试对三种情绪效价面孔的敏感度存在总体差异显著，但 Bonferroni 矫正后的成对比较结果提示两两差异不显著。

利用偏相关分析控制抑郁水平的影响，考察特质焦虑水平与前置及中性线索条件下被试的反应敏感度 d′值之间的关系。相关分析结果与方差分析结果基本一致。结果未发现特质焦虑水平与前置线索条件下的反应敏感度有显著关系。特质焦虑水平与中性线索条件下的反应敏感度有显著关系：特质焦虑水平越高，反应敏感度越低；并且，主要表现在加工中性面孔和愤怒面孔时，特质焦虑水平越高，反应敏感度越低。

（二）反应时

以被试反应正确时的反应时为因变量，进行 2 组别（低特质焦虑、高特质焦虑）×3 情绪类别（愤怒、高兴、平静）×2 线索条件（前置线索、中性线索）的重复测量方差分析，同时控制抑郁得分。Mauchly 球形检验结果显著。Greenhouse-Geisser 矫正后的结果显示，线索的主效应显著。Bonferroni 矫正过后的成对比较结果显示，当判断正确时，被试在前置线索条件下的反应时快于其在中性线索条件下的反应时。其余效应均不显著。

四、讨论

前置线索任务的结果显示，特质焦虑偏高者相对于特质焦虑偏低者，在工作记忆编码阶段，根据线索指示操纵信息的能力没有显著差异。实验二结果提示特质焦虑偏高者可有效地根据当前目标调节刺激输入：在工作记忆编码阶段，特质焦虑偏高者具备定向加工目标并滤除无关输入的能力。此外，前置线索任务结果发现情绪效价对工作记忆成绩的影响：个体对威胁性刺激的记忆成绩显著低于其对高兴及中性刺激的记忆成绩。这可能提示威胁表情对记忆存在一定的干扰。本实验也发现情绪效价与组别的交互作用，表现为特质焦虑偏高者对中性面孔的记忆成绩低于特质焦虑偏低者。一种可能是情绪效价干扰了记忆从而减小了高、低特质焦虑组间在记忆敏感度上的差异。

五、小结

（1）特质焦虑水平对被试在工作记忆编码阶段的注意控制能力无显著影响：特质焦虑偏高者相对于偏低者，利用前置线索选择性加工目标并滤除无关刺激输入的能力无差异。这体现为两组被试在前置线索条件下的记忆敏感度无差异。

（2）情绪效价对被试的记忆成绩有显著影响，表现为对威胁面孔的记忆成绩显著低于对高兴及中性面孔的记忆成绩。

（3）相对于特质焦虑偏低者，特质焦虑偏高者对中性面孔的记忆成绩偏低。

第三章

研究二：特质焦虑者的视觉工作记忆资源水平

目前针对焦虑与视觉工作记忆资源的研究仅关注焦虑个体对简单刺激（如颜色块、线段朝向）的工作记忆容量且结果存在不一致。这些研究在方法学上差异较大，所选择的研究范式可能混淆了干扰因素，如，背景效应、认知控制功能等。进而，研究二将利用变化探测范式①进一步澄清焦虑个体的工作记忆资源水平。工作记忆资源包含容量与精确度两个方面，可能存在高容量—低精确度和低容量—高精确度的代偿②，而以往研究未对焦虑个体的工作记忆精确度进行考察，无法充分理解焦虑个体的工作记忆资源水平。因此，研究二将同时考察焦虑对情绪面孔的视觉工作记忆容量及精确度的影响。此外，鉴于以往研究提示焦虑个体在对情绪强度的评估上可能存在异

---

① ZHANG W, LUCK S J. Discrete fixed-resolution representations in visual working memory [J]. *Nature*, 2008, 453 (7192): 233-235.

② MA W J, HUSAIN M, BAYS P M. Changing concepts of working memory [J]. *Nature Neuroscience*, 2014, 17 (3): 347-356.

常，进而研究二也将分别针对焦虑个体对面孔特征的精确度和针对面孔情绪内容的精确度进行考察。

研究二共包含四个实验。研究二以愤怒、中性及高兴情绪面孔为实验材料。实验一考察个体的特质焦虑水平对其工作记忆容量的影响。实验二考察个体的特质焦虑水平对其记忆精确度的影响。实验三则进一步区分面孔的物理特征及情绪信息，考察个体的特质焦虑水平如何影响其对面孔所表达的情绪强度的工作记忆精确度。实验四为控制实验，考察个体对情绪面孔的特征辨别能力以及个体的特质焦虑水平对这一辨别能力的影响。这些研究能够有助于我们理解焦虑个体的工作记忆资源水平：如果仅针对威胁性刺激存在异常，则提示针对威胁的特异性的资源损伤；如果对整体信息（包括正性、中性及负性信息）存在异常，则提示更广泛的资源损伤。

第一节 实验一：特质焦虑者的视觉工作记忆容量

一、实验目的

实验一考察个体对情绪面孔的工作记忆容量以及个体焦虑特质对工作记忆容量的影响。目前，考察个体的焦虑特质如何影响工作记忆容量的研究较少。而且，这些研究都使用简单刺激。没有研究利用情绪面孔刺激考察焦虑个体对威胁性刺激的工作记忆容量水平。Moriya 和 Sugiura（2012a）考察高、低焦虑个体对简单刺激（如，颜色块和线段朝向）的工作记忆容量，结果发现高焦虑个体工作记忆容量更高①。研究者认为，这提示焦虑个体的注意分配模式是更广的注意分配以探索潜在威胁。然而，Moriya 和 Sugiura 的研究存在以下问题：在记忆测试时，研究者并非要求被试对单一刺激进行辨别，而是对总体模式进行识别。在任务使用简单刺激时，后者则可能涉及组块等加工策略、形成记忆背景线索，从而促进记忆成绩②。而且，Moriya 和 Sugiura 的研究没有考虑工作记忆容量-精确度代偿的问题。因此，Moriya 和 Sugiura 的研究结果还需进一步检验。此外，也有研究提示焦虑与工作记忆容量损伤有关③，但其研究中混淆了抑制控制元素。最近的元分析结果发现，焦虑对视觉工作记忆容量的影响不显著④；这可能是由于上述不一致的结果所导致的，并且，由于研究数量有限，还需进一步积

---

① MORIYA J, SUGIURA Y. High visual working memory capacity in trait social anxiety [J]. *PloS One*, 2012a, 7 (4): e34244.

② MATSUKURA M, HOLLINGWORTH A. Does visual short-term memory have a high-capacity stage? [J]. *Psychonomic Bulletin & Review*, 2011, 18 (6): 1098-1104.

③ QI S, CHEN J, HITCHMAN G, ZENG Q, et al. Reduced representations capacity in visual working memory in trait anxiety [J]. *Biological Psychology*, 2014, 103: 92-99.

④ MORAN T P. Anxiety and working memory capacity: A meta-analysis and narrative review [J]. *Psychological Bulletin*, 2016, 142 (8): 831-864.

累相关研究数据。

实验一将在此前研究基础上，考察个体对威胁、中性及正性面孔的工作记忆容量，并考察个体的特质焦虑水平对其工作记忆容量的影响。实验一将采用变化探测任务考察个体对单个刺激的记忆判断，排除背景效应的影响①。实验一的结果将促进理解与个体焦虑特质有关的认知偏差在工作记忆容量上的表现，以帮助澄清焦虑个体认知资源与正常个体间的差异。实验一假设如下：如果特质焦虑水平偏高者其工作记忆容量更低，则说明特质焦虑水平偏高对工作记忆容量有损伤；如果特质焦虑水平偏高者其工作记忆容量更高，则说明特质焦虑水平偏高对工作记忆容量有促进；否则，则说明本研究范式下，特质焦虑水平未显著影响个体对情绪面孔刺激的工作记忆容量。如果特质焦虑水平偏高仅使得对威胁性刺激（即愤怒面孔）的工作记忆容量更低或更高，则说明这种容量变化是针对威胁性信息的；否则这反映了整体的工作记忆容量损伤或促进。

二、方法

（一）被试

实验一通过多种渠道招募被试，例如，通过高校论坛及微

---

① JACKSON M C, WU C Y, LINDEN D E, et al. Enhanced visual short-term memory for angry faces [J]. *Journal of Experimental Psychology: Human Perception and Performance*, 2009, 35 (2): 363-374.

信等平台发布广告。报名的被试需要完成一系列自陈报告量表的填写。填写的自陈量表包含：特质焦虑量表，贝克抑郁量表，以及基本信息问卷。实验一共将 104 名被试的数据纳入分析。被试的平均年龄为 22 岁。

（二）测量工具

研究二实验一使用的测量工具与研究一实验一使用的测量工具相同，包括状态—特质焦虑量表—特质分量表和贝克抑郁量表。

（三）实验材料

情绪面孔刺激：以 44 张平静面孔①（50%男性）为模板，利用 FaceGen 软件生成相应的 3D 面孔图像 44 张（去除头发及面部纹理）。其中，24 张用于正式实验（50%男性），20 张用于练习。变化探测任务与后续精度测试任务使用的面孔材料身份一致。对于用于正式实验的 24 张平静面孔，利用 FaceGen 软件 Morph 功能调节其情绪类别及强度：分别在愤怒与高兴情绪维度上设定情绪强度为 1，生成愤怒面孔与高兴面孔各 24 张。从而，正式实验生成 24 张×3 情绪类别（高兴、愤怒、平静）共 72 张面孔。对于用以练习的 20 张平静面孔做相同处理，生成 60 张练习面孔。

---

① YANG J，XU X，DU X，et al. Effects of unconscious processing on implicit memory for fearful faces［J］. *PloS One*，2011，6（2）：e14641.

为了平衡物理因素可能带来的影响，以椭圆截取所有面孔，去除无关刺激（如，耳朵、轮廓），得到的面孔图片缩小比例为 113×147 像素。将 44 张原始面孔（经 FaceGen 生成的 3D 图片）从彩色转化为灰度图，计算每张面孔的亮度和对比度，最终得到 44 张面孔的平均亮度和对比度，以此作为标准亮度和对比度。将 FaceGen 软件 Morph 生成的愤怒、高兴面孔转化为灰度图，并调节至标准亮度和对比度，进而平衡面孔亮度和对比度。请 12 名成人使用 9 点量表（1-非常愤怒，9-非常高兴）对每张面孔进行情绪评估。评分结果显示，不同情绪效价的面孔的情绪类型、强度差异显著，能够较好地表达各类情绪。

（四）实验设计

实验一采用 3 情绪效价（平静、高兴、愤怒）×4 记忆负荷（记忆序列包含 1—4 张情绪面孔）×2 探测条件（相同、不同）×特质焦虑水平的多因素设计。情绪效价、记忆负荷和探测条件为组内变量。特质焦虑水平为个体间变量。因变量为被试判断探测面孔与目标面孔异同的正确率。实验一记录被试的正确率和反应时。

（五）实验流程

每个试次开始，屏幕中央呈现绿色“+”注视点 1000 毫秒。随后呈现 500 毫秒白色“+”注视点。注视点消失后呈现记忆序列。记忆序列包含1—4张面孔，呈现时间为500毫秒×序列包含的面孔数（即，500毫秒×记忆负荷）。记忆序列消失后，呈现1000毫秒的“+”注视点。最后呈现1张探测面孔。探测面孔位置与记忆序列中某一面孔（即目标面孔）位置相同。

指导语要求被试记住记忆序列所包含的面孔，并在测试时判断探测面孔与刚才出现在同一位置的目标面孔是否相同（探测面孔与目标面孔在50%的条件下相同）。若相同，探测面孔与目标面孔的身份一致；若不同，探测面孔身份不同于该试次记忆序列中的任一面孔。每个试次中，面孔情绪效价始终一致。被试单击鼠标左键或右键反应，对应键在被试间平衡：编号为偶数的被试，探测面孔与目标面孔相同则单击左键，不同则单击右键；编号为奇数的被试，按键顺序相反。实验任务强调正确率。程序会记录鼠标点击的时间和按键（左或右），随后进入下一个试次。如果被试未能在5秒内做出反应，程序自动运行至下一试次。试次间间隔500—800毫秒的黑屏。

记忆序列中面孔呈现在以屏幕中央为中心，半径为150像素的圆环上，圆环上均匀区分4个位置（右下，左下，左上，右上）。每个试次中，基于记忆负荷（1—4张面孔），从4个位置中随机选择1—4个位置呈现面孔刺激。每个组块中，目标面孔出现在4个位置上的概率相同。相应的，探测面孔也呈现在以屏幕中央为中心，半径150像素的圆环上，位置与目标面孔相同。

以平静、愤怒、高兴情绪为组块，实验包含 80 试次×3 组块，共 240 试次。组块间以及组块内，被试每完成 40 试次就可以休息，休息时间由被试自行按键控制。每个组块中，24 张面孔随机出现，并保证相邻试次的面孔身份不同。男性面孔和女性面孔出现的概率相同。

正式实验前进行练习。练习阶段仍以中性、愤怒、高兴情绪为组块，共 48 个试次（16 试次×3 组块）。练习阶段使用的面孔材料与正式实验不同。练习阶段任务流程与正式实验相同，但被试按键反应后会给予“正确”或“错误”的反馈；如果被试超过 5 秒未做反应，则反馈“?”，以帮助被试尽快理解实验要求。练习阶段记录被试的正确率与反应时，练习阶段完成后考察被试在低记忆负荷条件（负荷为 1 和 2）下的正确率，当正确率达到 70%时开始正式实验，否则增加一次练习。至多进行两次练习。练习与正式实验持续约 50 分钟。

总体实验流程如下：实验开始前向被试简单介绍实验内容，并获得知情同意。随后更详细的解释实验指导语。实验开始后，请被试选择舒适的姿势坐在电脑前。实验任务进行时，要求被试尽量保持头部不动，中间休息时，可以活动。正式实验开始前，进行练习以确保被试理解任务，随后完成正式实验。

（六）数据分析

实验一关注的实验参数为记忆容量参数（Cowan's K）。实验一计算被试在每种面孔情绪及记忆负载条件下（3 情绪类别×4 记忆负荷共 12 个条件）的击中率、虚报率及正确拒绝率。击中率即测试刺激与目标刺激相同时，被试报告相同的概率；虚报率即测试刺激与目标刺激不同时，被试报告相同的概率；正确拒绝率即测试刺激与目标刺激不同时，被试报告不同的概率。利用 Cowan（2001）工作记忆容量的计算公式，计算被试在变化探测任务中，维持在工作记忆中的项目数量①②。该公式为：Cowan's K=C×［S×（H−F）/（1−F）］。其中 C 是正确拒绝率，H 是击中率，F 是虚报率，S 是在任务中记忆序列的负荷数（1—4）。由此，实验一可以计算出被试在每种情绪条件及每个记忆负荷条件下的 K 值，也即，3 情绪类别×4 记忆负荷共 12 个条件下的 K 值。

基于此，实验一对 K 值进行迭代计算③：对于每个被试，其在每种情绪条件下可以得到 4 个 K 值（记忆负荷 1—4）。随

① COWAN N. The magical number 4 in short-term memory: A reconsideration of mental storage capacity［J］. *Behavioral and Brain Sciences*, 2001, 24: 87-185.

② VOGEL E K, WOODMAN G F, LUCK S J. The time course of consolidation in visual working memory［J］. *Journal of Experimental Psychology: Human Perception and Performance*, 2006, 32（6）: 1436-1451.

③ JACKSON M C, WU C Y, LINDEN D E, et al. Enhanced visual short-term memory for angry faces［J］. *Journal of Experimental Psychology: Human Perception and Performance*, 2009, 35（2）: 363-374.

后，分别在每种情绪条件下对 K 值进行迭代计算。具体而言，在每种情绪条件下，对 4 种负荷条件下的 K 值求平均。如果得到的 K 值均值小于记忆负荷最小时（也即记忆负荷为 1）的 K 值，那么，K 均值即作为被试对这种情绪面孔的记忆容量估值。如果 K 均值大于记忆负荷最小时的 K 值，那么，去掉这时最小的记忆负荷对应的 K 值，对余下的记忆负荷所对应的 K 值求平均，也即，去掉记忆负荷为 1 时得到的 K 值，对记忆负荷为 2—4 条件下的 K 值求均值。重复上述计算过程，直到迭代完成。由此，可以得到每个被试在不同情绪类别条件下的迭代后的 K 值，即 K-iterative（K_{it}）。Jackson 等认为，利用迭代算法计算记忆容量估值有如下优势：首先，这可避免单一倚重一种记忆负荷条件下的表现评估记忆容量，如，取最大值，存在高估记忆容量风险。其次，这可避免直接对不同工作记忆负荷条件下的容量估值求均值时低估记忆容量的风险，如，记忆负荷为 1 时对应的容量估值最大即为 1，与其他记忆负荷条件下的容量估值直接求平均可能会拉低整体估值，造成低估趋势。

实验一以 K_{it} 为因变量，利用多层线性模型分析（Hierarchical Linear Model，HLM），探索被试焦虑特质对其记忆容量的影响。分析时，选择 HLM2 个体间测试的方式，将被试的特质焦虑水平作为水平 2 的变量，将情绪类别作为水平 1 的变量。由于实验一涉及三种情绪且为分类变量，分析过程中进一步将 3 水平的情绪变量编码为 2 个哑变量。哑变量 1（威胁情绪）将愤怒情绪编码为 1，中性及高兴情绪编码为 0；哑变量 2（积极情绪）将高兴情绪编码为 1，中性和愤怒情绪编码为 0。建模时，将两个哑变量作为水平 1 的预测变量，特质焦虑作为水平 2 的预测变量。从而，两个代表情绪效价的哑变量会作为水平 1 变量预测被试的工作记忆容量；特质焦虑水平作为水平 2 变量预测被试的工作记忆容量以及情绪效价对工作记忆容量的影响（也即，特质焦虑与情绪效价的交互作用）。

三、结果

HLM 分析结果提示，面孔的情绪效价以及特质焦虑水平对工作记忆容量有显著影响，但两者之间没有显著的交互效应。具体而言，哑变量 1（1=愤怒面孔，0=高兴与中性面孔）显著地预测工作记忆容量，提示面孔刺激是否具有威胁性会影响被试的工作记忆容量，表现为被试对威胁性面孔的记忆容量更低。哑变量 2 对工作记忆容量无显著影响。特质焦虑水平对工作记忆容量也存在一定影响，表现为被试的特质焦虑水平越高，其工作记忆容量越低。

四、讨论

实验一利用变化探测任务考察个体的特质焦虑水平对情绪面孔工作记忆容量的影响。结合 HLM 检验结果可知，个体焦虑特质对情绪刺激的工作记忆容量存在一定的影响，表现为特质焦虑水平较高者，工作记忆容量偏低；并且，这种关联性并非特意于对威胁性面孔的加工，而是反映了一种整体性的工作记忆容量的不足。本实验结果一定程度上丰富了针对焦虑个体工作记忆容量的研究。相对于已有的实验，本实验采用面孔刺激，并区分负性、中性及正性情绪，有助于促进理解焦虑个体对威胁与非威胁性刺激认知加工异常。而且，相对于 Moriya 和 Sugiura（2012a）①，本实验排除了记忆策略或背景效应的影响；相对于 Qi 等（2014）②，本实验未引入线索指示等测试元素，排除了抑制控制对结果的可能的影响。

此外，实验结果也发现了情绪类别对工作记忆容量的显著影响：被试对威胁面孔的记忆容量显著低于对正性和中性面孔的记忆容量。针对面孔情绪类别对工作记忆容量的影响，本实验结果与 Jackson 等（2009）③ 不一致，未发现威胁优势。一种可能的解释即，本实验控制了在同一情绪内表情形式的差异，一定程度上降低了对愤怒面孔的记忆优势。然而，这也可能是由于控制表情形式后，辨别威胁面孔的难度增加，导致工作记忆表现下降。因此，后续有必要进行实验考察个体对情绪

① MORIYA J, SUGIURA Y. High visual working memory capacity in trait social anxiety [J]. *PloS One*, 2012a, 7 (4): e34244.

② QI S, CHEN J, HITCHMAN G, ZENG Q, et al. Reduced representations capacity in visual working memory in trait anxiety [J]. *Biological Psychology*, 2014, 103: 92-99.

③ JACKSON M C, WU C Y, LINDEN D E, et al. Enhanced visual short-term memory for angry faces [J]. *Journal of Experimental Psychology: Human Perception and Performance*, 2009, 35 (2): 363-374.

面孔的辨别能力及特质焦虑水平对这一辨别能力的影响。此外，另一些研究者采用不同的实验材料（如简笔画面孔）① 或实验方法②也并未发现对威胁面孔的加工优势。可见，对于面孔特征与情绪内容在面孔加工过程中的相互作用以及其对情绪面孔工作记忆容量表现的影响（促进或损害），结果并不明确，仍需进一步探讨，而对上述研究结果的解释也需要谨慎。

从理论层面加以探讨，对威胁面孔更差的工作记忆维持成绩可能提示威胁情绪对面孔加工的干扰。Shapiro 和 Miller（2011）认为注意的偏向性竞争模型一定程度上可以解释个体在工作记忆容量任务（即，变化探测任务）中的表现③。注意的偏向性竞争模型认为，视觉输入在视觉加工过程中持续地从刺激驱动层面（如，刺激显著性）和目标驱动层面（如，与当前任务要求的相关性）竞争加工资源，所输入的刺激之间产生相互抑制作用，最终仅有限的输入信息得以精细加工。Shapiro 和 Miller 基于此认为资源竞争引发的相互抑制会削弱对单一刺激的加工，进而影响其工作记忆容量任务表现，而减低偏向性竞争将有助于各个刺激的加工并提升工作记忆容量成

① TAMM G，KREEGIPUU K，HARRO J，et al. Updating schematic emotional facial expressions in working memory：Response bias and sensitivity［J］. *Acta Psychologica*，2017，172：10-18.

② SEGAL A，KESSLER Y，ANHOLT G E. Updating the emotional content of working memory in social anxiety［J］. *Journal of Behavior Therapy and Experimental Psychiatry*，2015，48：110-117.

③ SHAPIRO K L，MILLER C E. The role of biased competition in visual short-term memory［J］. *Neuropsychologia*，2011，49（6）：1506-1517.

绩。比如，他们发现相比于在任务中同时呈现记忆序列，序列性地呈现记忆项目更有助于提升记忆成绩。可见实验一中，被试对威胁性面孔的记忆容量低于其对正性及中性面孔的记忆容量，这可能反映资源竞争过程中威胁性面孔显著性强，增强了记忆序列内、刺激间的抑制性资源竞争，进而干扰对记忆序列中各项目的加工，导致整体的工作记忆容量成绩下降。也有研究表明，对面孔的工作记忆容量优于其他复杂刺激一定程度上是由于个体对面孔进行整体加工①。而负性情绪信息可能会使得个体更关注细节、做知觉加工，正性情绪信息则可能会使个体做概念层面的加工②。基于此，本实验结果可解释为面孔表达的威胁情绪使个体更关注面孔的细节特征，这在一定程度上会影响被试对面孔的整体加工，进而使得工作记忆容量成绩下降。然而，知觉加工的增强也可能促进个体对物体特征的识别，提高面孔识别成绩③。所以，仍需要未来研究进一步考察情绪对面孔加工的影响。

---

① CURBY K M, GAUTHIER I. A visual short-term memory advantage for faces [J]. *Psychonomic Bulletin & Review*, 2007, 14 (4): 620-628.

② KENSINGER E A. Remembering the details: Effects of emotion [J]. *Emotion Review*, 2009, 1 (2): 99-113.

③ THOMAS P M, JACKSON M C, RAYMOND J E. A threatening face in the crowd: effects of emotional singletons on visual working memory [J]. *Journal of Experimental Psychology: Human Perception and Performance*, 2014, 40 (1): 253-263.

五、小结

（1）个体焦虑特质对情绪面孔的工作记忆容量存在一定影响：特质焦虑偏高者相对于偏低者的工作记忆容量更低。这一效应并非特异于威胁性面孔刺激，而是针对整体的面孔刺激。

（2）情绪类别对面孔工作记忆容量具有显著影响：对威胁性面孔的工作记忆容量显著低于对中性及正性面孔的工作记忆容量。

第二节　实验二：特质焦虑者的视觉工作记忆精确度

一、实验目的

工作记忆维持功能包含维持信息的数量及精确度两个维度，已有的研究仅关注焦虑与工作记忆容量之间的关系，而没有针对焦虑与工作记忆精确度之间关系的研究，进而基于现有研究难以针对焦虑个体的视觉工作记忆资源水平做出完善评估。实验一考察了焦虑个体对情绪面孔的工作记忆容量，仅发现存在一定整体性的负相关。实验二将进一步针对焦虑个体对情绪面孔的工作记忆精确度进行考察。已有研究利用颜色环等连续特征空间考察工作记忆的精确度。这类任务要求被试报告记忆刺激在连续特征空间中的位置，并计算刺激在连续空间中的实际位置与被试所报告的位置之间的偏差值，以此作为记忆精确度的指标：该偏差值越小，被试工作记忆精确度越高。这类研究多利用简单刺激进行，如颜色、线段朝向、空间频率刺激等，提示工作记忆资源可灵活分配，存在表征精确度与表征数量的代偿①。

目前尚缺少研究考察焦虑个体的工作记忆精确度。实验二将结合已有考察工作记忆精确度的范式思路，以威胁、积极及中性面孔为实验材料，利用 morphing 生成特征渐变的面孔序列，并以此类渐变序列为测试序列，评估被试对特定情绪面孔的记忆精确度。实验二在实验一基础上进一步考察个体对情绪面孔（包含负性、正性和中性面孔）的记忆精确度以及个体焦虑特质对记忆精确度的影响，从而将工作记忆容量—精确度代偿的思路纳入到对焦虑个体工作记忆资源的考察中。这将有助于更全面地理解、评估个体焦虑特质对工作记忆资源水平的影响。

本实验假设如下：如果特质焦虑水平偏高者其工作记忆精确度更低（记忆误差更大），则说明特质焦虑水平偏高对工作记忆精确度有损伤；如果特质焦虑水平偏高者其工作记忆精确

① BAYS P M, HUSAIN M. Dynamic shifts of limited working memory resources in human vision [J]. *Science*, 2008, 321 (5890): 851-854.

度更高（记忆误差更小），则说明特质焦虑水平偏高对工作记忆精确度有促进作用；否则，则说明在本研究范式下，特质焦虑水平未显著影响个体对面孔的视觉工作记忆精确度。如果特质焦虑水平偏高仅使得被试对威胁性刺激（即愤怒面孔）的工作记忆精确度更低或更高，则说明这种对精确度的损伤或促进是针对威胁性信息的；否则则为整体性的工作记忆精确度损伤或促进。

二、方法

（一）被试

实验二考察特质焦虑水平对个体工作记忆精确度的影响。96 名被试参与实验，其中一名被试反应时大于样本总体均值两个标准差，另一名被试抑郁水平过高，其数据剔除，余下 94 人。被试的平均年龄为 22 岁。

（二）测量工具

研究二实验二使用的测量工具与研究一实验一使用的测量工具相同，包括状态—特质焦虑量表—特质分量表和贝克抑郁量表。

（三）实验材料

以 44 张平静面孔①（50%男性）为模板，利用 FaceGen 软

---

① YANG J，XU X，DU X，et al. Effects of unconscious processing on implicit memory for fearful faces [J]. *PloS One*，2011，6（2）：e14641.

件生成相应的 3D 面孔图像 44 张（去除头发及面部纹理）。对于 22 张平静表情男性面孔，将不同身份的面孔随机两两配对，形成 11 对面孔对。对每对面孔（如面孔 A 和面孔 B），利用 FaceGen 软件 Tween 功能进行 Morph，生成由面孔 A 到面孔 B 的渐变梯度为 10%的 11 张渐变面孔。对基于这对面孔（A 和 B）生成的渐变面孔进行编号，序列号为 0—10。渐变面孔的序列号越靠近 0，该面孔特征与面孔 A（序列号 0）越接近；相反，序列号越接近 10，该面孔特征与面孔 B（序列号 10）越接近；序列号为 5，该面孔特征即为面孔 A 与面孔 B 的平均。对于女性面孔，同样生成 11 组张渐变面孔序列。随后，利用 FaceGen 软件 Morph 功能调节 22 组渐变面孔（50%男性）的情绪类别及强度。分别在愤怒与高兴的情绪维度上将情绪强度设定为 1，继而生成表达愤怒和高兴情绪的渐变面孔序列各 22 组。最终得到 3 类面孔情绪（中性，高兴，愤怒）×22 个面孔身份，共 66 组渐变面孔序列（11 张/组）。

请 12 名成人使用 9 点量表（1-非常愤怒，9-非常高兴）对实验材料进行评分。具体操作如下：评估每套渐变面孔材料中，位于起始（0）、中间（5）、末端（10）位置的面孔的情绪强度，以剔除在这三个位置上情绪强度差异显著的材料。随后，计算三种情绪之间的差别，要求高兴、中性、愤怒情绪面孔的评分差异显著。请 7 名成人评估每组渐变面孔内部、面孔间的差异，排除面孔间差异最低的两套材料（50%男性）。最后得到中性、愤怒、高兴渐变面孔各 12 组（女性、男性各 50%），用以正式实验。被剔除的材料用于练习，中性、愤怒、高兴渐变面孔各 10 组（男性 50%）。

平衡面孔物理特征的影响。以椭圆截取面孔，以去除无关刺激（耳朵、轮廓）。得到的面孔图片缩小比例为 113×147 像素图片。将 44 张原始面孔（经 FaceGen 生成的 3D 图片）从彩色转化为灰度图，计算每张面孔的亮度和对比度，得到这 44 张面孔的平均亮度和对比度，以此作为标准亮度和对比度。将其余所有 Morph 生成的渐变面孔转化为灰度图，并调节到此标准亮度和对比度，进而平衡所有面孔的亮度和对比度。

（四）实验设计

实验二采用 3 情绪效价（中性、正性、负性）×特质焦虑水平多因素设计。情绪效价为组内变量，个体特质焦虑水平为个体间变量。因变量为精确度，也即对于每套面孔材料，被试选择的面孔与实际呈现面孔之间的偏差。计算方式为两者在渐变序列中序列号的差值。实验二记录被试的正确率和反应时。在此基础上，实验二考察个人特质焦虑水平对记忆精确度的影响。

（五）实验流程

以中性、愤怒、高兴情绪为组块，分为 3 组块×66 试次，共198个试次。组块间及组块内每22个试次可以休息，休息时间由被试自行按键控制。每个试次开始后，屏幕中央呈现绿色“+”注视点1000毫秒，以提示被试试次开始。随后注视点变为白色。500毫秒后注视点消失，目标面孔呈现。700毫秒后目标面孔消失。呈现1000毫秒“+”注视点后，屏幕上呈现1组（11张）渐变面孔，作为测试序列。目标面孔属于这组渐变面孔，可能是这组渐变面孔中的任一张（在序列号0—10中随机抽取一张作为目标面孔）。

指导语要求被试记忆目标面孔，并从11张测试面孔中选出目标面孔。实验强调准确。被试可移动鼠标、单击鼠标左键选择面孔。程序记录被试单击鼠标左键时，光标的屏幕坐标及按键对应反应时。仅当光标坐标位于某一张面孔区域（113×147像素）内时，记为有效反应，进入下一个试次。试次之间间隔500—800毫秒的黑屏。如果被试超过10秒未做反应，程序自动运行至下一试次。

每个试次所呈现的面孔情绪效价一致。目标面孔始终出现在屏幕中央。测试阶段，测试面孔出现在以屏幕中央为中心的圆环上，圆环半径为310像素，圆环上均匀区分12个位置。每个试次中，11张测试面孔按照渐变顺序（序列号0—10）顺时针依次呈现在圆环上。渐变序列的起始面孔位置（序列号0）随机选定，并使每个情绪组块中，起始面孔出现在12个屏幕位置上的概率相同。

每个情绪组块中，12 套渐变面孔随机出现，每组材料至少重复 5 次（66 试次/组块），并平衡每组渐变面孔出现的概率。相邻试次不使用同一组渐变面孔材料，也即，相邻试次的目标面孔不属于同一组渐变面孔。保证男性和女性渐变面孔序列出现的概率相同。同时，目标面孔位于渐变序列中各个位置（序列号 0—10，共 11 个序列位置）的概率相同，每个位置重复出现 6 次。相邻试次间，目标面孔位于渐变序列中的位置不同。

被试在正式实验前进行练习。练习阶段仍以中性、愤怒、高兴情绪划分组块，每个组块 11 个试次，共 33 个试次。练习阶段使用的面孔材料不同于正式实验。练习阶段给予反馈：每个试次中，被试做出反应后会反馈其选择的面孔与目标面孔在渐变序列中的位置差异。反馈以数字形式呈现：D =| 被试选择面孔的序列号 - 目标面孔序列号 | 。数字越小说明判断越准确（“您选择的面孔与目标面孔之间的距离为：D”）。数字范围在 0—10 之间。如果超过 10s 被试未做反应，程序自动向下一试次运行，并在屏幕中央呈现“?”作为提醒。练习完成后，开始正式实验。练习与正式实验阶段持续约 45 分钟。被试可在组块间自行控制休息时间。实验二的实验流程与要求与实验一一致。

（六）数据分析

实验二关注的主要指标是记忆精确度。实验二分别计算被试在每种面孔情绪条件下的记忆精确度。计算方法即目标面孔在渐变序列中的位置与被试在渐变序列中所选择的面孔的位置（0—10）之间的差值的绝对值：n=｜被试选择面孔的序列号-目标面孔序列号｜；n 的取值范围在 0—10。差值的绝对值越大说明精确度越低。

实验二采用的统计分析方法如下：以记忆精确度为因变量，利用 HLM 探索被试焦虑特质对其记忆精确度的影响。分析时，选择 HLM2，被试内测试的方式，将被试特质焦虑水平作为水平 2 的变量，将情绪类别作为水平 1 的变量。由于涉及三种情绪类别且为分类变量，进一步将 3 水平的情绪变量编码为 2 个哑变量。哑变量 1（威胁情绪）将愤怒情绪编码为 1，中性及高兴情绪编码为 0；哑变量 2（积极情绪）将高兴情绪编码为 1，中性和愤怒情绪编码为 0。因变量为被试的记忆精确度。建模时，将两个哑变量作为水平 1 的预测变量，特质焦虑作为水平 2 的预测变量。与实验一相同，通过上述设置，实验二分析水平 1 变量情绪效价对工作记忆精确度的影响，分析水平 2 变量特质焦虑水平对工作记忆精确度以及情绪效价对精确度预测效应（也即，特质焦虑与情绪效价的交互效应）的影响。

三、结果

HLM 分析结果提示，面孔的情绪效价以及特质焦虑水平对工作记忆精确度均无显著影响，两者之间没有显著的交互效应。具体而言，哑变量 1（1 = 愤怒面孔，0 = 高兴与中性面孔）和哑变量 2（1 = 高兴面孔，0 = 愤怒与中性面孔）均无法有效预测工作记忆精确度。特质焦虑水平对工作记忆精确度也没有显著的影响。两个哑变量与特质焦虑水平的交互效应也没有达到统计显著。

四、讨论

实验二利用不同情绪类别的渐变面孔考察焦虑个体对情绪面孔的记忆精确度。实验二未发现个体焦虑特质对工作记忆精确度存在显著影响。结合实验一与实验二结果可知，焦虑特质对个体针对情绪面孔的工作记忆容量存在一定影响，但对精确度无显著影响。这提示焦虑特质对情绪面孔的视觉工作记忆资源存在一定的损伤，并主要体现在容量维度。

五、小结

（1）个体焦虑特质对情绪面孔的工作记忆精确度无显著影响。

（2）情绪类别对面孔工作记忆精确度无显著影响。

第三节 实验三：特质焦虑者对面孔情绪强度的评估精确度

一、实验目的

实验三为探索性研究，旨在利用实验手段考察焦虑个体对面孔情绪强度的基于工作记忆表征的评估精确度，并与其对面孔情绪强度的基于感知觉的评估精确度进行比较。以往研究提出，对于情绪面孔的识别，面孔物理特征及其情绪内容均对加工进程有影响。对情绪面孔工作记忆的研究多关注面孔情绪对面孔特征加工的影响。然而，针对情绪面孔工作记忆加工的研究较少关注情绪内容本身在工作记忆中的编码及维持。相反，在针对焦虑特质的研究中，焦虑个体如何评估情绪刺激则是研究重点。例如，研究发现焦虑个体倾向于认为模糊刺激具有威胁性[①]，不合理的高估刺激的威胁性，尤其对轻中度的威胁性

① STAUGAARD S R. Threatening faces and social anxiety: a literature review [J]. *Clinical Psychology Review*, 2010, 30 (6): 669-690.

刺激①，或者低估正性反馈的积极性等②。

因此，实验三希望进一步探索对情绪面孔情绪内容的感知及工作记忆加工。具体而言，相对于以往研究关注面孔情绪内容对面孔特征加工的影响，实验三更关注焦虑个体对情绪面孔的情绪强度的工作记忆表征的精确度。同时，实验三希望分别探索信息加工过程中，个体基于感知觉对情绪面孔情绪强度的评估准确性，以及基于工作记忆表征对情绪面孔情绪强度的评估准确性，并在此基础上探索个体焦虑特质的影响。实验三将有助于理解个体对情绪面孔情绪内容的感知与记忆模式，以及个体焦虑特质对此过程的影响。

实验假设如下：如果特质焦虑水平偏高者对面孔情绪强度的工作记忆精确度更低（记忆误差更大），则说明特质焦虑水平偏高对情绪强度的工作记忆精确度有损伤；如果特质焦虑水平偏高者对面孔情绪强度的工作记忆精确度更高（记忆误差更小），则说明特质焦虑水平偏高对情绪强度的工作记忆精确度有促进作用；否则说明，在本研究范式下，特质焦虑水平未显著影响个体对情绪面孔情绪强度的工作记忆精确度。如果特质

---

① MOGG K, BRADLEY B P. Anxiety and attention to threat: Cognitive mechanisms and treatment with attention bias modification [J]. *Behaviour Research and Therapy*, 2016, 87: 76-108.

② VASSILOPOULOS S P, BANERJEE R. Social interaction anxiety and the discounting of positive interpersonal events [J]. *Behavioural and cognitive psychotherapy*, 2010, 38 (5): 597-609.

焦虑水平偏高仅使得对威胁性面孔（即愤怒面孔）情绪强度的工作记忆精确度更低或更高，则说明这种对精确度的损伤或促进是针对威胁性信息的；否则为整体性的对面孔情绪强度的工作记忆精确度的损伤或促进。

二、方法

（一）被试

实验三通过多种渠道招募被试，例如，通过高校论坛及微信等平台发布广告。报名的被试需完成一系列自陈报告的量表。42 名被试参与实验，平均年龄 22 岁。

（二）测量工具

研究二实验三使用的测量工具与研究一实验一使用的测量工具相同，包括状态—特质焦虑量表—特质分量表和贝克抑郁量表。

（三）实验材料

情绪面孔刺激：以 44 张面孔①（50%男性）为模板，利用 FaceGen 软件生成相应的 3D 面孔图像 44 张（去除头发及面部纹理）。其中，24 张用于正式实验（50%男性），20 张用于练习，筛选方式见记忆精度任务实验材料部分。从而，情绪判断

① YANG J，XU X，DU X，et al. Effects of unconscious processing on implicit memory for fearful faces [J]. *PloS One*，2011，6 (2)：e14641.

任务与精度任务所使用的面孔的身份一致。

对于用于正式实验的24张中性面孔（50%男性面孔），利用FaceGen软件Morph功能调节情绪类别及强度。对每张中性面孔，生成愤怒面孔（Morph-Anger），调节情绪强度分别为0.5—1.5，情绪强度梯度间隔0.1。如此，对于每张面孔得到强度由0.5到1.5的11张愤怒面孔。对每张中性面孔，生成高兴面孔（Morph-Smile），调节情绪强度分别为0.5—1.5。如此，对于每张面孔得到强度由0.5到1.5的11张高兴面孔。总共得到48组情绪面孔（11张/组），即2性别（男、女）×2情绪类别（高兴、愤怒）×11情绪强度（0.5—1.5）×12面孔身份，共528张面孔。以这48组面孔作为正式实验的目标面孔。对于用于练习的20张中性面孔，做同样处理，得到40组情绪面孔图片（50%男性）。

利用20张用于练习的中性面孔（50%男性），对于10张男性面孔，随机抽取8张面孔，将8张面孔配对为4对：对于每对面孔（如，面孔A和面孔B），利用FaceGen软件Tween功能，将这两张面孔融合，得到一张中间脸。中间脸面部形态特征及颜色为这对面孔的平均（50%面孔A与50%面孔B）。随后，再以同样方式将所得中间脸两两配对、融合，直到最后得到一张平均脸，即为所选8张面孔的平均。对于10张女性面孔也做相同操作。如此，得到男性、女性平均脸各一张。平均脸特征与正式实验的记忆材料不同，进而减小正式实验在测试对面孔情绪的记忆精确度时面孔特征的干扰。

对于男性平均脸，利用 FaceGen 软件 Morph 功能生成强度由 0.5 到 1.5 的高兴及愤怒面孔各 11 张。对于女性面孔做同样操作。如此，得到 4 组面孔：2 性别（男、女）×2 情绪（高兴、愤怒）×11 强度（0.5—1.5），共 44 张面孔。将这 4 组平均面孔作为探测刺激，以测试被试对于面孔情绪的记忆精确度。与精度任务相同，将面孔截为椭圆，平衡亮度和对比度，得到大小为 113×147 像素的灰度图。

（四）实验设计

实验三采用 2 情绪类别（愤怒、高兴）×特质焦虑水平多因素设计，情绪类别为组内变量，被试的特质焦虑水平为个体间变量，同时考察被试的特质焦虑水平对其情绪强度的评估准确性的影响。因变量为被试选择的情绪强度与目标面孔实际的情绪强度之间的误差值。

（五）实验流程

1. 任务 1：对不同类别情绪面孔的情绪强度的记忆精确度

以高兴和愤怒情绪区分组块，每个组块各 120 试次，共 240 个实验试次。每个组块中，2/3 为实验关键试次（80 试次）。关键试次中，面孔情绪强度维持在 0.8—1.2 范围，以确保情绪面孔所表达的情绪足够明确。此外，保证各组块中每种情绪强度（0.8—1.2）出现概率相同。在实验关键试次以外，每个组块包含 1/3（40 试次）填充试次。填充试次所用面孔材料取自 24 组正式实验材料，但情绪强度范围在 0.5—0.7 以及 1.3—1.5 之间：0.5 与 1.5 各 2 试次；0.6 与 1.4 各 6 试次，0.7. 与 1.3 各 12 试次。结果分析只计算被试在关键试次的反应。

具体流程如下：每个试次开始，呈现绿色“+”注视点 1000 毫秒，随后注视点变为白色 500 毫秒。之后目标面孔出现。目标面孔呈现 700 毫秒后消失。呈现 1 秒“+”注视点。最后，呈现与目标面孔同性别、同情绪类别的测试面孔序列（平均脸，情绪强度由 0.5 到 1.5）。指导语要求被试记忆目标面孔的情绪，并从 11 张测试面孔中选出与目标面孔情绪强度最接近的一张面孔。实验强调准确率。被试可移动鼠标、单击鼠标左键选择面孔。程序记录单击鼠标左键时，光标的屏幕坐标及被试按键时间。仅当光标坐标位于某一张测试面孔区域（113×147 像素）内时，记为有效反应，进入下一个试次。试次之间间隔 500—800 毫秒的黑屏。如果超过 5 秒被试未做反应，程序自动运行至下一试次。目标面孔呈现在屏幕中央。测试情绪面孔序列呈现在以屏幕中心为圆心，半径为 310 像素的圆环上，圆环上均匀区分 12 个位置。每个试次中，11 张探测面孔按照情绪强度渐变顺序（0.5—1.5）顺时针依次呈现在圆环上；渐变面孔序列的起始位置随机确定，并在每个情绪组块中平衡起始面孔出现在 12 个位置上的概率。

2. 任务2：对不同类别情绪面孔的情绪强度的评估精确度

以高兴和负性情绪区分组块，每个组块各60试次，共120个实验试次。每个组块中，2/3为实验关键试次（40试次）。关键试次中，面孔情绪强度维持在0.8—1.2范围，以确保情绪面孔所表达的情绪足够明确。此外，保证各组块中每种情绪强度（0.8—1.2）出现的概率相同。在实验关键试次以外，每个组块包含1/3（20试次）填充试次。填充试次所用面孔材料取自24组正式实验材料，但情绪强度范围在0.5—0.7以及1.3—1.5之间：0.5与1.5各1试次；0.6与1.4各3试次，0.7与1.3各6试次。结果分析只计算被试在关键试次的反应。

具体流程如下：每个试次开始，呈现绿色“+”注视点1000毫秒，随后注视点变为白色500毫秒。随后，在屏幕中央呈现目标面孔。同时，在以屏幕中心为圆心，半径为310像素的圆环（均匀区分12个位置）上呈现11张与目标面孔同性别、同情绪类别的测试面孔（平均脸，情绪强度0.5—1.5）。每个试次中，11张探测面孔按照情绪强度渐变顺序（0.5—1.5），顺时针依次呈现在圆环上。测试面孔序列的起始位置随机确定，并在每个情绪组块中平衡起始面孔出现在12个位置上的概率。指导语要求被试从11张测试面孔中选出与中央目标面孔情绪强度最接近的一张面孔。实验强调准确率。被试可移动鼠标、单击鼠标左键选择面孔。程序记录单击鼠标左键时，光标的屏幕坐标及被试按键时间。仅当光标坐标位于某一张测试面孔区域（113×147 像素）内时，记为有效反应，进入下一个试次。试次之间间隔 500—800 毫秒的黑屏。如果超过 5 秒被试未做反应，程序自动运行至下一试次。

实验中，48 组材料随机出现，且每组材料、每种情绪强度出现的次数在被试内平衡。相邻试次中，目标面孔身份及情绪强度均不同。保证男性面孔和女性面孔出现概率相同。实验以基于练习材料生成的 4 组平均脸材料作为测试面孔，以控制面孔特征对情绪识别的影响。

任务 1 与任务 2 正式开始前均进行练习。每次练习仍以愤怒、高兴情绪为组块，每个组块 10 个试次，共 20 个试次。练习阶段使用的目标面孔材料不同于正式实验；练习阶段使用的测试面孔材料与正式实验相同。练习阶段给予反馈：每个试次中，被试做出反应后，如果其选择的情绪强度与目标面孔情绪强度之间误差大于 0.3 或超过 5 秒未做反应时，则屏幕呈现"?"作为提醒。实验总流程与研究一相同。

（六）数据分析

对于每个被试，分别计算其在每种面孔情绪条件下（愤怒、高兴）的个人平均反应时和标准差。记忆精确度任务中，对于所有关键试次，剔除反应时低于 300 毫秒及位于个人平均反应时两个标准差以外的试次。基于感知觉的情绪评估精确度任务中，同样剔除反应时低于 300 毫秒及位于两个标准差以外的试次。利用余下数据进行下列统计分析。

实验三关注每个被试对不同情绪面孔情绪强度的记忆精确度及评估精确度。计算方法即被试在每个试次中所选择的测试面孔的情绪强度与目标面孔（或中央面孔）实际情绪强度之间的差值（D=所选面孔情绪强度-目标面孔情绪强度）。在此基础上，计算2种目标面孔情绪类别条件下的差值的平均值。如果得分为正，则说明被试倾向于高估情绪强度；如果得分为负，则说明被试倾向于低估情绪强度。以记忆或评估精确度为因变量，利用HLM分别探索被试焦虑特质对其基于工作记忆的和基于感知觉的情绪评估精确度的影响。分析时，选择HLM2个体间测量的方式，将被试的特质焦虑水平作为水平2的变量，将情绪类别（1=愤怒，2=高兴）作为水平1的变量，将BDI作为协变量。模型中只包含特质焦虑和情绪类别的交互项。

三、结果

对不同情绪类别面孔的基于工作记忆表征的情绪评估精确度，在水平1情绪类别会影响个体基于工作记忆的评估精确度，表现为相对于正性面孔，被试更倾向于高估威胁性面孔的情绪强度。特质焦虑水平不会影响被试对不同情绪类别面孔的基于工作记忆的情绪评估精确度。

对不同情绪类别面孔的基于感知觉的情绪评估精确度，情绪类别会影响个体基于感知觉的评估精确度，同样表现为相对于正性面孔，被试更倾向于高估威胁性面孔的情绪强度。特质焦虑水平不会影响被试对不同情绪类别面孔的基于感知觉的情绪评估精确度。

四、讨论

实验三考察了个体基于感知觉以及基于工作记忆的、针对情绪面孔情绪强度的评估准确性。结果提示无论是基于感知觉信息的评估还是基于工作记忆表征的评估，均表现出一致模式：相对于高兴面孔，被试更倾向于高估威胁面孔的情绪强度。然而，个体的特质焦虑水平对基于感知觉的评估与基于工作记忆内容的评估均无显著影响。可见，实验三结果并不支持特质焦虑与情绪强度评估准确度更高或更低之间的直接联系，进而，也不支持特质焦虑与高估情绪刺激情绪显著性有直接关联。已有的关于焦虑的理论观点认为，焦虑与自动化威胁评估系统紊乱有关，倾向于高估威胁。本实验并未考察特质焦虑者对情绪刺激的情绪强度的自动化评估，而关注信息加工后期、个体有意识的情绪评估。实验结果可能提示随着信息加工时程展开，这种自动化高估威胁的效应会逐步缓解。

五、小结

（1）特质焦虑水平对基于工作记忆的和基于感知觉的情绪强度评估精确度无显著影响。

（2）基于感知觉和基于工作记忆表征的情绪强度评估具有一致性：相对于正性刺激，被试更倾向于高估威胁刺激的情绪强度。

第四节 实验四：特质焦虑水平对情绪面孔的辨别能力的影响

一、实验目的

实验一和实验二提示，被试对威胁性与非威胁性面孔的工作记忆容量和精确度存在一定差异。然而，这一结果可能反映个体对不同情绪类别的面孔的辨别能力不同，以及特质焦虑水平对这一辨别能力可能存在一定的影响。进而，实验四考察被试对威胁、中性及正性情绪面孔的辨别能力是否存在差异，并在此基础上考察个体焦虑特质对面孔辨别能力的影响。对某类面孔的反应时更慢或正确率更低，则说明对这类面孔的辨别能力更弱。

二、方法

（一）被试

通过多种渠道招募被试 33 人，被试的平均年龄是 22 岁，报名的被试需要填写特质焦虑和抑郁问卷。

（二）测量工具

研究二实验四使用的测量工具与研究一实验一使用的测量工具相同，包括状态—特质焦虑量表—特质分量表和贝克抑郁量表。

（三）实验材料

研究二实验四使用的情绪面孔材料与研究二实验一的材料相同。实验四所用面孔为变化探测任务中所用到的 24 张×3 情绪类别（高兴、愤怒、平静）共 72 张面孔。

（四）实验设计

实验四采用 3 情绪效价（中性或平静、正性或高兴、负性或愤怒）×2 面孔特征（相同、不同）多因素设计。因变量为被试判断两张面孔异同的正确率。实验四记录被试的正确率和反应时。

（五）实验流程

每个试次开始，屏幕中央呈现 500 毫秒白色“+”注视点。注视点维持，并在其左右两侧各出现一张面孔。面孔情绪始终一致，仅身份特征可能存在差异。指导语要求被试又快又准的判断左右两张面孔是否相同（50%情况下相同）：如果相同，两张面孔表情与身份相同；如果不同，两张面孔表情一致但身份不同。被试单击鼠标左键或右键反应，对应键在被试间平衡：编号为偶数的被试，如果两张面孔相同则单击左键，不同单击右键；编号为奇数的被试，按键顺序相反。两张面孔始终呈现在屏幕中央注视点左右两侧，面孔中心距离为160像素。程序会记录鼠标点击的时间和按键（左或右），随后进入下一个试次。如果被试未能在5秒内做出反应，程序自动运行至下一试次。试次之间间隔500—800毫秒的黑屏。

以中性、愤怒、高兴情绪为组块，实验包含40试次×3组块，共120个试次。组块间可以休息，休息时间由被试自行按键控制。每个组块中，24张面孔随机两两匹配呈现，并保证相邻试次的面孔身份不同。同时，保证男性面孔和女性面孔出现概率相同。正式实验前进行练习。练习阶段仍以中性、愤怒、高兴情绪为组块，每个组块6个试次，共18个试次。练习阶段使用的面孔材料与正式实验不同（即，实验一变化探测任务的练习材料），其中男性面孔占50%，中性、正性、负性面孔材料各20张，共60张面孔。练习阶段任务流程与正式实验相同，但每个试次被试按键反应后会给予"正确"或"错误"的反馈。如果被试未能在5秒内做出反应则反馈"?"。

（六）数据分析

对于每个被试，分别计算其在每种面孔情绪条件下（愤怒、高兴、平静）的个人平均反应时和标准差。对于所有关键试次，剔除反应时低于300毫秒及位于个人平均反应时两个标准差以外的试次。利用余下数据计算每个被试在每种面孔情绪条件下，判断面孔异同的正确率及其相对应的反应时。实验四分别对正确率及反应时进行 3 情绪类别（愤怒、高兴、平静）的重复测量方差分析。此外，利用相关分析，实验四考察了个人焦虑特质与其对情绪面孔辨别判断正确率和反应时的相关性。

三、结果

（一）情绪类别对正确率和反应时的影响

计算每个被试在每种面孔情绪条件下，判断面孔异同的正确率及反应正确时的反应时。分别对正确率及反应时进行 3 情绪类别（愤怒、高兴、平静）的重复测量方差分析。结果显示，对于反应正确率，情绪类别的主效应不显著。对于判断正确时的反应时，情绪类别的主效应显著。Bonferroni 矫正后的成对比较结果显示，被试对威胁面孔和正性面孔的反应时显著大于其对中性面孔反应时，其余两两差异不显著。

（二）特质焦虑水平与对情绪面孔辨别判断正确率和反应时的关系

对于正确率，被试对负性、正性及中性面孔的反应正确率均呈现显著的正相关；被试的特质焦虑水平与其对情绪面孔的辨别正确率无显著相关。对于反应时，被试对负性、正性及中性面孔的反应时均显著的正相关；被试的特质焦虑水平与其对情绪面孔的辨别反应时无显著相关。

四、讨论

实验四通过考察被试对不同情绪类别面孔的辨别能力发现，对于不同情绪效价的面孔，被试做出辨别反应的正确率无显著差异。然而，被试对不同情绪面孔的反应时存在显著差异：被试在进行辨认时，对威胁面孔以及高兴面孔的反应时显著大于对中性面孔的反应时；而威胁与高兴面孔的反应时差异不显著。这提示，相对于中性面孔，情绪面孔更难辨别。情绪面孔同时包含情绪内容与物理特征，对情绪面孔的辨别需要考虑两方面的信息，以及情绪内容可能会影响对面孔的整体加工[①][②]，从而干扰判断。此外，研究二实验一发现被试对威胁性面孔的工作记忆容量低于对中性和正性面孔的工作记忆成绩。然而，在不同情绪效价面孔的辨别难易程度上，实验四仅支持情绪面孔（包括高兴和愤怒面孔）相对于中性面孔更难辨别。可见，研究二实验一中发现的情绪类别对记忆成绩的影响模式不能仅由面孔辨别难易程度的差异来解释。威胁情绪可能对面孔的工作记忆编码及维持具有一定特异性的干扰性。最后，相关分析结果表明，个体焦虑特质与其对愤怒、高兴及中

① MATHER M, SUTHERLAND M. Disentangling the effects of arousal and valence on memory for intrinsic details [J]. *Emotion Review*, 2009, 1: 118-119.

② KENSINGER E A. Remembering the details: Effects of emotion [J]. *Emotion Review*, 2009, 1 (2): 99-113.

性面孔的辨别反应时和正确率均无显著关联。

五、小结

（1）辨别不同情绪类别面孔的难易程度存在差异，主要体现在反应时上：被试对正性、负性及中性面孔的辨别正确率无差异；被试对正性及负性面孔的辨别反应时显著大于其对中性面孔的反应时。

（2）个体的特质焦虑水平对其面孔辨别能力无显著影响。

第四章

研究三：特质焦虑者的视觉工作记忆与注意分配之间的关系

第一节　实验一：特质焦虑者的视觉工作记忆内容对选择性注意的影响

一、实验目的

研究一考察了特质焦虑与注意控制能力之间的关系。结果提示，在工作记忆维持阶段，高特质焦虑者对整体信息（包括正性、中性及负性信息）的注意控制或选择性加工能力不足。研究二考察了特质焦虑水平对视觉工作记忆资源水平的影响。结果发现，特质焦虑水平对视觉工作记忆资源的影响有限，体现为高特质焦虑的个体在工作记忆中所维持的信息数量相对较少。研究三将在研究一、二基础上，进一步考察特质焦虑者的工作记忆内容（威胁或非威胁）对加工外部威胁性信息时选择性注意的影响。

外界环境总是充满各种信息，个体的注意一方面会被外界显著的刺激捕获（即，自下而上、刺激驱动作用通路），另一方面会受当前工作记忆表征的影响（即，自上而下、目标驱动作用通路）。工作记忆作为信息加工的重要界面，可获得不同来源的信息，比如，视听等感知觉输入及长时记忆提取的信息等。这些信息又进一步巩固形成工作记忆表征。工作记忆表征被积极维持并能影响个体对外界刺激的选择性注意。这与焦虑障碍的图示模型类似，认为对威胁的认知表征影响会信息加工，导致认知偏向①。然而，目前仍缺少实验性研究考察个体对威胁的工作记忆表征如何影响其当前选择性注意加工。

有研究者利用双任务范式考察工作记忆表征对注意的影响，即要求个体维持对特定刺激的工作记忆表征，然后进行视觉搜索任务，工作记忆内容可能与搜索目标相同、无关或为干扰物，考察指标为视觉搜索的反应时②。对于工作记忆表征对注意的影响机制，研究表明工作记忆内容引导注意时涉及额叶与枕叶区功能连接③。有研究者认为工作记忆内容自动化的影

---

① BECK A T, EMERY G, GREENBERG R. *Anxiety disorders and phobias: A cognitive perspective* [M]. Basic Books/Hachette Book Group, 2005.

② SOTO D, HUMPHREYS G W, ROTSHSTEIN P. Dissociating the neural mechanisms of memory-based guidance of visual selection [J]. *Proceedings of the National Academy of Sciences*, 2007, 104 (43): 17186-17191.

③ SOTO D, GREENE C M, CHAUDHARY A, et al. Competition in working memory reduces frontal guidance of visual selection [J]. *Cerebral Cortex*, 2012, 22 (5): 1159-1169.

响注意，但也有研究者认为当前目标可调控这一过程。例如，当工作记忆表征仅为干扰物时，被试则表现出抑制加工与工作记忆表征一致的刺激：当视觉搜索序列中存在与工作记忆表征一致的干扰物时，反应更快[①②]。

此前，仅 Moriya 和 Sugiura（2012b）利用简单刺激（颜色、形状）考察工作记忆内容对焦虑个体选择性注意的影响[③]。其结果发现，当工作记忆内容与外界无关信息匹配时，焦虑个体对无关信息表现出移除困难。在 Moriya 和 Sugiura 计算被试在外界信息与工作记忆内容不匹配条件下的反应时，以及外界无关刺激与工作记忆内容匹配条件下的反应时，以两种条件下反应时差值为被试对与工作记忆内容匹配的无关刺激的注意移除困难指标。然而，Moriya 和 Sugiura 的研究采用简单刺激，无法探索工作记忆内容对焦虑个体对威胁的注意偏向的影响。本实验将对此进行研究。

① SAWAKI R，LUCK S J. Active suppression of distractors that match the contents of visual working memory［J］. *Visual Cognition*，2011，19（7）：956-972.

② WOODMAN G F，LUCK S J. Do the contents of visual working memory automatically influence attentional selection during visual search?［J］. *Journal of Experimental Psychology：Human Perception and Performance*，2007，33（2）：363-377.

③ MORIYA J，SUGIURA Y. Impaired attentional disengagement from stimuli matching the contents of working memory in social anxiety［J］. *PloS One*，2012b，7（10）：e47221.

具体而言，本实验将基于工作记忆引导注意的思路①，考察对威胁的工作记忆表征如何影响个体的选择性注意加工。考虑到对面孔的最大记忆容量为 2 及以下②，所以记忆任务的记忆序列仅包含一张面孔，以尽量保证工作记忆内容的精确度。此外，鉴于面孔是复杂刺激，视觉搜索模式为序列搜索，故本实验不采用视觉搜索范式考察注意模式，而采用点探测范式考察注意分配。通过考察威胁性与非威胁性的工作记忆表征对特质焦虑偏高以及偏低的个体在点探测任务中的表现，本实验可加深理解工作记忆功能对焦虑个体对无关威胁刺激的选择性注意的影响。本实验主要分为三个任务：任务 1 考察对威胁面孔的工作记忆表征如何影响选择性注意；任务 2 考察对中性面孔的工作记忆表征如何影响选择性注意；任务 3 考察对面孔的工作记忆表征如何引导注意。该实验假设，对面孔刺激的工作记忆表征能够引导个体对外界信息的注意。对威胁性刺激的工作记忆表征会引导个体更关注外界环境中的威胁；对中性刺激的工作记忆表征会引导个体更关注外界环境中的中性刺激。特质焦虑偏高者相对于偏低者受到对威胁性信息的工作记忆表征的

---

① SOTO D, HEINKE D, HUMPHREYS G W, et al. Early, involuntary top-down guidance of attention from working memory [J]. *Journal of Experimental Psychology: Human Perception and Performance*, 2005, 31 (2): 248-261

② JIANG Y V, SHIM W M, MAKOVSKI T. Visual working memory for line orientations and face identities [J]. *Attention, Perception, & Psychophysics*, 2008, 70 (8): 1581-1591.

注意引导作用更大。

二、方法

（一）被试

实验通过多种渠道招募被试，例如，通过学校论坛及微信等发布广告。报名的被试需要完成一系列自陈量表的填写。被试筛选标准为：基于特质焦虑量表得分分组，以常模均值为界，得分大于均值一个标准差以上为高特质焦虑组，低于均值为低特质焦虑组。基于该标准，实验得到特质焦虑偏高者 23 人，偏低者 28 人。两组被试在年龄、性别比例上无显著差异，高特质焦虑组被试的特质焦虑及抑郁水平显著高于低特质焦虑组。

（二）测量工具

研究三实验一使用的测量工具与研究一实验一使用的测量工具相同，包括状态—特质焦虑量表—特质分量表和贝克抑郁量表。

（三）实验材料

情绪面孔材料：以 44 张平静面孔[①]（50%男性）为模板，利用 FaceGen 软件生成相应的 3D 面孔图像 44 张（去除头发及

① YANG J，XU X，DU X，et al. Effects of unconscious processing on implicit memory for fearful faces [J]. *PloS One*，2011，6 (2)：e14641.

面部纹理）。利用 FaceGen 软件 Morph 功能调节其情绪类别及强度：在愤怒情绪维度上、设定情绪强度为 1，生成愤怒面孔 44 张。从而，生成 44 张×2 情绪类别（愤怒、平静）共 88 张面孔。其中，24 张（50%男性）×2 情绪类别，共 48 张用于正式实验。余下 40 张用于练习。

平衡物理因素可能带来的影响。以椭圆截取所有面孔，去除无关刺激（耳朵、轮廓），得到的面孔图片缩小比例为 80×104 像素。将 44 张原始面孔（经 FaceGen 生成的 3D 图片）从彩色转化为灰度图，计算每张面孔的亮度和对比度，最终得到 44 张面孔的平均亮度和对比度，以此作为标准亮度和对比度。将 FaceGen 软件 Morph 生成的愤怒、高兴面孔转化为灰度图，并调节至标准亮度和对比度，进而平衡面孔亮度和对比度。请 12 名成人使用 9 点量表（1-非常愤怒，9-非常高兴）对每张面孔的情绪进行评估。两种情绪面孔的评分差异显著。

（四）实验设计

实验为双任务，结合变化探测任务与点探测任务。变化探测任务需要被试记忆一张情绪面孔并维持记忆一段时间，随后进行记忆测试以检验记忆准确率。在记忆维持阶段，进行点探测任务。点探测任务会在屏幕上呈现一对面孔（左右朝向）作为线索刺激，随后在一张面孔之后呈现探测点。点探测线索刺激中，如果有一张面孔与记忆面孔的情绪、身份均一致，则为完全匹配条件；如果有一张面孔与记忆面孔的表情一致、身份不同或身份一致、表情不同则为部分匹配条件。实验前利用经典点探测任务（负性—中性面孔对）测试被试在无工作记忆引导条件下的注意偏向模式。实验共分为三部分：

任务1考察维持对愤怒面孔的视觉工作记忆，将如何影响被试对威胁和中性刺激的选择性注意。采用2工作记忆和选择性注匹配关系（完全匹配—记忆愤怒面孔，部分匹配—记忆愤怒面孔）×2探测点位置（威胁面孔后、中性面孔后）×2特质焦虑水平（高、低特质焦虑组）。

任务2考察维持对中性面孔的视觉工作记忆，将如何影响被试对威胁和中性刺激的选择性注意。采用2工作记忆和选择性注意匹配关系（完全匹配—记忆中性面孔，部分匹配—记忆中性面孔）×2探测点位置（威胁面孔后、中性面孔后）×2特质焦虑水平（高、低特质焦虑组）。

任务3考察维持对面孔的视觉工作记忆，将如何引导选择性注意。采用3工作记忆和选择性注意匹配关系（完全匹配—记忆愤怒面孔，部分匹配—记忆愤怒面孔，完全匹配—记忆中性面孔）×2记忆内容预测探测点方位的有效性（有效、无效）×2特质焦虑水平（高、低特质焦虑组）。

上述任务中，组别为组间变量，其余均为组内变量。因变量为被试对探测点做反应的反应时。记录被试对探测点反应的正确率和反应时以及后续工作记忆任务的正确率和反应时。任务间至少休息1分钟，被试可延长休息时间。

（五）实验流程

实验任务为双任务，包含变化探测任务（工作记忆负载为1）与点探测任务。点探测任务置于变化探测任务的记忆维持阶段，即记忆目标面孔呈现后、探测面孔出现前，以考察维持特定的工作记忆内容对选择性注意的影响。具体任务流程如下。

点探测任务：每个试次开始，屏幕中央呈现绿色“+”注视点 500 毫秒。随后注视点变为白色（此后注视点均为白色），维持 500 毫秒。随后，中央注视点左右两侧呈现愤怒和中性的面孔对。两张面孔中心相距 120 像素。面孔对呈现 500 毫秒后消失，随即在某一张面孔后出现一个带开口的圆环。圆环中心距屏幕中心 60 像素；圆环线宽 3 像素、开口直径 3 像素。开口位于圆环正上或正下方（50%正上方）。被试需要又快又准的判断圆环开口上下，对应按键为“↑”“↓”。被试按键后或 3 秒后，圆环消失，程序进入下一试次。试次间间隔 500-800 毫秒的黑屏。点探测任务共 48 试次。对于点探测任务，平衡探测点类型（开口上、下）、探测点的屏幕位置（屏幕左、右）、点探测面孔对中愤怒面孔的位置（屏幕左、右）。

任务 1：对于任务 1，每个试次开始，屏幕中央呈现绿色“+”注视点 500 毫秒。随后注视点变为白色（此后注视点均为白色），维持 500 毫秒。注视点消失后，呈现记忆目标 1500 毫秒。记忆面孔消失后，呈现 1000 毫秒“+”注视点。随后开始点探测任务，中央注视点左右两侧各呈现一张面孔。点探测任务中使用愤怒和中性的面孔对，面孔对中的两张面孔的情绪与身份均不同。面孔对呈现500毫秒后消失，随即在某一张面孔后出现一个带开口的圆环。开口位于圆环正上或正下方（50%正上方）。被试需要又快又准的判断圆环开口上下，对应按键为“↑”“↓”。被试按键后或3秒后，圆环消失，呈现1000毫秒注视点。随后进行记忆测试，呈现测试面孔。被试需要尽量准确的判断测试面孔与记忆面孔相同或不同（50%相同）：若相同，则情绪与身份均一致；若不同，则情绪相同，身份不同。对应按键为相同“↑”、不同“↓”。被试按键后或5秒后测试面孔消失，程序进入下一试次。试次间间隔500-800毫秒的黑屏。

任务1中双任务形式如下：变化探测任务中记忆的目标面孔均为愤怒面孔，点探测任务则呈现愤怒和中性的面孔对。其中，一半条件下点探测任务中的愤怒面孔与工作记忆中的愤怒面孔完全相同（1/2试次中完全匹配），另一半条件下点探测任务中的愤怒面孔与工作记忆中的愤怒面孔身份不同（1/2试次中部分匹配）。上述2种类型分为2个组块，双任务两个组块顺序在被试间随机排列。每个组块包含48试次，共48×2组块=96试次。同时，任务中保证前后相邻试次所用面孔身份不同，保证每个试次所用面孔性别一致。48张面孔随机出现，并平衡男性与女性面孔出现的概率。组块间至少休息1分钟，之后被试可按空格键继续任务。

任务2：任务2为双任务，形式如下：变化探测任务中要求记忆的目标面孔均为中性面孔，点探测呈现愤怒和中性的面孔对。其中，一半条件下点探测任务中的中性面孔与工作记忆中的中性面孔完全相同，另一半条件下点探测任务中的中性面孔与工作记忆中的中性面孔的身份不同。上述2种类型分为2个组块，两个组块顺序在被试间随机排列。每个组块包含48试次，共48×2组块=96试次。

任务3：该部分任务中，工作记忆内容与点探测任务面孔对关联如下：（1）工作记忆目标面孔为愤怒面孔；点探测呈现愤怒和愤怒的面孔对，其一与工作记忆面孔完全相同（1/3试次中记忆愤怒面孔，完全匹配）。（2）工作记忆目标面孔为愤怒面孔；点探测呈现平静和平静的面孔对，其一与工作记忆面孔的身份相同（1/3试次中记忆愤怒面孔，部分匹配）。（3）工作记忆目标面孔为平静面孔；点探测呈现平静和平静的面孔对，其一与工作记忆面孔完全相同（1/3试次中记忆中性面孔，完全匹配）。上述三种类型分为三个组块，组块间顺序在被试间随机排列，每个组块包含32试次，共32×3组块=96试次。每个组块内，对于点探测任务，平衡探测点类型（开口上、下）、探测点的屏幕位置（屏幕左、右）、与工作记忆中目标面孔相同或相似的面孔位置（屏幕左、右）。

由于点探测任务中使用的面孔刺激情绪效价一致，上述三种条件可考察自上而下通路对注意的影响。具体而言，通过对比记忆愤怒、完全匹配条件与记忆中性、完全匹配条件，可考察不同情绪效价的工作记忆内容在引导注意时是否存在差异；通过对比记忆愤怒、完全匹配条件与记忆愤怒、部分匹配条件，可探索威胁性的工作记忆内容引导注意时，多大程度是情绪效应，多大程度为身份特征效应。

正式实验前进行练习。练习阶段的任务流程与正式实验相同。练习包含1/3点探测与2/3双任务（1/2工作记忆中的面孔与点探测面孔对之一完全相同，1/2工作记忆中的面孔与点探测面孔的身份不同），共30试次（10×3组块）。练习使用的面孔材料与正式实验不同，且均为中性面孔，仅做熟悉任务流程用。练习阶段有反馈：点探测任务与记忆任务按键后，若正确，反馈绿色“Good!”；若错误，反馈红色“X”；若在限定时间内未做反应，反馈“?”。反馈呈现300毫秒。

（六）数据分析

点探测任务：对每个任务，分别计算被试在每种条件下的反应时。对所有任务进行重复测量方差分析，控制抑郁水平。对任务1结果进行3工作记忆和注意匹配条件（完全匹配—记忆愤怒面孔、部分匹配—记忆愤怒面孔、无）×2探测点位置（愤怒面孔后、中性面孔后）×2特质性焦虑水平（高、低特质焦虑）重复测量方差分析。对任务2结果进行3工作记忆和注意匹配条件（完全匹配—记忆中性面孔、部分匹配—记忆中性面孔、无）×2 探测点位置（愤怒面孔后、中性面孔后）×2 特质性焦虑水平（高、低特质焦虑）重复测量方差分析。对任务 3 结果进行 3 工作记忆和注意匹配条件（完全匹配—记忆愤怒面孔、部分匹配—记忆愤怒面孔、完全匹配—记忆中性面孔）×2 工作记忆内容预测探测点位置的有效性（有效、无效）×2 特质性焦虑水平（高、低特质焦虑）重复测量方差分析。

变化探测任务：对每个任务，计算被试在每种条件下的正确率。计算方法即判断正确的试次除以特定条件的总试次数。然后，计算被试在每种条件下的击中率及虚报概率。击中率即测试刺激与目标刺激相同时，被试报告相同的概率。虚报率即测试刺激与目标刺激不同时，被试报告相同的概率。利用击中率、虚报率计算 d′值。首先，处理极端值，处理方法如下：当击中率、虚报率为 0 时，矫正为 0.5/n；击中率、虚报率为 1 时，矫正为（n-0.5）/n（n 为特定条件下，信号出现试次数或噪声试次数）①。然后，利用矫正后的击中率、虚报率计算 d′值。d′值计算公式如下：$d' = z[p(H)] - z[p(FA)]$。对 d′值进行多因素重复测量方差分析。

① MACMILLAN N A, KAPLAN H L. Detection theory analysis of group data: estimating sensitivity from average hit and false-alarm rates [J]. *Psychological Bulletin*, 1985, 98 (1): 185-199.

三、结果

（一）任务1：威胁性的工作记忆内容对选择性注意的影响

1. 点探测任务：反应时

利用被试在3工作记忆和注意匹配程度（完全匹配、部分匹配、无）×2探测点出现位置（威胁面孔后、中性面孔后）×2组别（低特质焦虑、高特质焦虑）各个条件下的反应时，计算注意偏向水平：

$$AB = RT_{中性面孔} - RT_{威胁面孔}$$

AB为注意偏向；$RT_{中性面孔}$为探测点出现在中性面孔后的反应时；$RT_{威胁面孔}$为探测点出现在威胁面孔后的反应时。此差值数值为正、越大说明被试越倾向于关注威胁刺激，为负、越小则说明被试倾向于回避威胁刺激。在有工作记忆引导的条件下，AB差值为正、越大说明威胁表征引导关注威胁，AB差值为负、越小说明导致关注中性刺激、回避威胁。

利用此差值进行3工作记忆和注意匹配程度（完全匹配、部分匹配、无）×2组别（低特质焦虑、高特质焦虑）重复测量方差分析。结果显示，匹配程度主效应显著。Bonferroni矫正后的成对比较结果显示，完全匹配时被试关注威胁的注意偏向显著大于部分匹配和无引导条件；部分匹配条件则大于无引导条件。组别主效应不显著。匹配程度与组别交互作用显著。

进一步利用重复测量方差分析，分别考察高、低分组被试在不同匹配条件下的反应时差异。对于低分组，结果显示，匹配程度主效应不显著。高分组匹配程度主效应显著。Bonferroni 矫正后的成对比较结果显示，完全匹配时高分组被试关注威胁的注意偏向显著大于部分匹配和无引导条件；部分匹配条件下关注威胁的注意偏向大于无引导条件。再分别比较不同匹配程度条件下，高、低分组间的反应时差异。结果发现，在无引导条件下，高、低分组反应时差异显著；高分组被试相对于低分组，表现出回避威胁的倾向。在完全匹配条件下和部分匹配条件下，组间差异不显著。

以无引导条件下点探测注意偏向为基线，计算工作记忆内容对注意偏向大小的影响：

$$\text{Change}_{\text{完全匹配}} = \text{AB}_{\text{完全匹配}} - \text{AB}_{\text{无引导}}$$

$$\text{Change}_{\text{部分匹配}} = \text{AB}_{\text{部分匹配}} - \text{AB}_{\text{无引导}}$$

Change 数值为正，说明工作记忆内容引导关注威胁，为负说明引导关注中性刺激而回避威胁。以工作记忆引导注意变化量（Change 数值）为因变量，进行 2 匹配程度×2 组别重复测量方差分析。结果显示，匹配程度的主效应不显著；组别的主效应显著。Bonferroni 矫正后的成对比较显示，高分组受引导程度显著大于低分组。分别对 Change 完全匹配与 Change 部分匹配进行单因素分析，结果显示，高特质焦虑组被试对威胁的关注程度的增益显著大于低焦虑组被试。匹配程度与组别的交互作用不显著。

2. 变化探测任务：敏感度

以 d′值为因变量，利用重复测量方差分析，进行 2 工作记忆和注意匹配程度（完全匹配，部分匹配）×2 探测点出现位置（威胁面孔后、中性面孔后）×2 组别（低特质焦虑、高特质焦虑）分析。结果发现，探测点位置与组别交互作用显著。其余效应不显著。合并数据进一步分析探测点位置与组别的交互作用，进行 2 探测点出现位置（威胁面孔后、中性面孔后）×2 组别（低特质焦虑、高特质焦虑）重复测量方差分析。结果显示，探测点位置主效应不显著；探测点位置与组别交互作用不显著；组别主效应不显著。

（二）任务 2：中性的工作记忆内容对选择性注意的影响

1. 点探测任务：反应时

利用被试在 3 工作记忆和注意匹配程度（完全匹配，部分匹配，无）×2 探测点出现位置（威胁面孔后、中性面孔后）×2 组别（低特质焦虑、高特质焦虑）各个条件下的反应时，计算注意偏向水平。与任务 1 相同，此差值数值为正、越大说明被试越倾向于关注威胁刺激，为负、越小则说明倾向于关注中性刺激而回避威胁刺激。利用此差值进行 3 匹配程度×2 组别重复测量方差分析，结果显示，匹配程度主效应显著。Bonferroni 矫正后的成对比较结果显示，完全匹配时被试关注中性刺激的注意偏向显著大于部分匹配和无引导条件；其余差异不显著。组别主效应显著。Bonferroni 矫正后的成对比较结果显示，相对于低焦虑组，高焦虑组被试更倾向于关注中性刺激。匹配程度与组别交互作用不显著。

为进一步理解上述组间差异，以无引导条件下点探测注意偏向为基线，计算工作记忆内容对注意偏向大小的影响（同任务1）。以工作记忆引导注意变化量（Change 数值）为因变量，进行2匹配程度×2组别重复测量方差分析。结果显示，匹配程度主效应显著。Bonferroni 矫正后的成对比较显示，完全匹配条件下的受引导程度显著大于部分匹配条件。组别主效应、交互作用不显著。分别对 Change 完全匹配与 Change 部分匹配进行单因素分析，结果显示，高、低特质焦虑组被试对中性刺激的关注程度的增益无差异。

2. 变化探测任务：敏感度

以 d′值为因变量，利用重复测量方差分析，进行2工作记忆和注意匹配程度（完全匹配，部分匹配）×2探测点出现位置（威胁面孔后、中性面孔后）×2组别（低特质焦虑、高特质焦虑）分析。结果发现，匹配程度、探测点位置及组别的主效应不显著。匹配程度与组别的交互作用，有效性与组别交互作用，匹配程度与有效性的交互作用，以及匹配程度、有效性及组别的交互作用不显著。

（三）任务3：对面孔的工作记忆对注意的引导效应

1. 点探测任务：反应时

利用被试在3工作记忆和注意匹配程度（完全匹配—愤

怒，部分匹配—愤怒，完全匹配—中性）×2 工作记忆内容引导注意有效性（有效、无效）×2 组别（低特质焦虑、高特质焦虑）各个条件下的反应时数据，计算有效性对反应时的影响：

$$AB = RT_{无效条件} - RT_{有效条件}$$

$RT_{无效条件}$即当探测点出现在与工作记忆内容不匹配的面孔后，被试的反应时；$RT_{有效条件}$即当探测点出现在与工作记忆内容匹配的面孔后，被试的反应时；AB 即两者差值，提示工作记忆内容对被试注意分配的影响，此差值数值越大，说明工作记忆内容对选择性注意的引导性越强。

利用此差值进行 3 工作记忆和注意匹配程度（完全匹配—愤怒，部分匹配—愤怒，完全匹配—中性）×2 组别（低特质焦虑、高特质焦虑）重复测量方差分析。结果显示，匹配程度的主效应显著。Bonferroni 矫正后的成对比较结果显示，完全匹配—愤怒及完全匹配—中性条件下的 AB 高于部分匹配，其余两两差异不显著。组别主效应不显著。匹配程度与组别交互作用显著。进一步利用重复测量方差分析，考察高、低分组被试在不同匹配条件下的反应时差异。对于低分组，结果显示，匹配程度主效应不显著；高分组匹配程度主效应不显著。再分别比较不同匹配程度条件下，高、低分组间的反应时差异。结果发现，在记忆愤怒面孔、完全匹配条件下，高、低分组的 AB 差异边缘显著；对愤怒面孔的工作记忆对注意的引导性在高焦虑组被试中更强。在记忆愤怒面孔、部分匹配条件下和记忆中性面孔、完全匹配条件下，组间差异不显著。

2. 变化探测任务：敏感度

以 d′值为因变量，利用重复测量方差分析，进行 3 工作记忆和注意匹配程度（完全匹配—愤怒，部分匹配—愤怒，完全匹配—中性）×2 工作记忆内容引导注意有效性（有效、无效）×2 组别（低特质焦虑、高特质焦虑）分析。结果显示无显著效应。

四、讨论

本实验结合变化探测任务（记忆负载为 1）与点探测任务，考察特质焦虑偏高和偏低的个体在点探测任务中对无关威胁刺激的选择性注意如何受到对威胁性信息的工作记忆表征的影响。主要分三个任务：任务 1 考察对威胁面孔的工作记忆表征如何影响选择性注意；任务 2 考察对中性面孔的工作记忆表征如何影响选择性注意；任务 3 考察对面孔的工作记忆表征是否能够引导注意。

任务 1 发现匹配类型的主效应显著，完全匹配、部分匹配及无引导条件下，被试关注威胁的注意偏向程度依次递减，两两之间差异显著。这一主效应从属于匹配类型与组别的交互作用。简单主效应分析提示，匹配类型间的效应仅出现在特质焦虑高分组。高特质焦虑者在完全匹配条件下关注威胁的注意偏向显著大于部分匹配，后者又显著大于无引导条件下的注意偏向。而高、低分组被试的注意偏向仅在无引导条件下有显著差异，高分组表现出回避威胁的倾向。这一注意偏向模式与部分前人研究一致①。进一步分析显示，无论是完全匹配还是部分匹配，高特质焦虑组被试受威胁表征引导关注威胁的变化程度显著大于低特质焦虑组被试。任务 1 结果支持在对外界威胁刺激的加工中，威胁表征可自上而下的引导选择性注意，导致关注威胁的注意偏向。这一效应主要体现在特质焦虑偏高的被试中，这提示其对威胁表征更敏感，更难基于当前目标调节威胁表征的注意引导作用。

任务 2 发现匹配类型主效应显著，完全匹配、部分匹配及无引导条件下，被试回避威胁的注意偏向程度依次递减。其中，完全匹配条件下关注中性面孔而回避威胁面孔的注意偏向程度显著大于部分匹配以及无引导条件；其它两两差异不显著。高、低分组被试的注意偏向有显著组间差异，高分组回避威胁的倾向显著大于低分组。控制注意偏向基线水平，进一步分析中性表征对注意偏向的改变程度，结果提示相对于部分匹配，完全匹配的中性表征更显著的引导被试回避威胁。这一效应在高、低特质焦虑组之间没有显著差异。任务 2 结果提示，

---

① JUDAH M R，GRANT D M，LECHNER W V，et al. Working memory load moderates late attentional bias in social anxiety［J］. *Cognition & Emotion*，2013，27(3)：502-511.

中性工作记忆内容可引导个体对无关威胁刺激的选择性注意，使个体回避威胁。而特质焦虑水平对中性表征的注意引导作用无显著影响。

任务3发现工作记忆内容与外界刺激之间的匹配类型及高、低特质焦虑组之间有显著交互作用。相对于部分匹配，两组被试在完全匹配条件下表现出更明显的注意偏向：均会更多的注意与工作记忆相匹配的刺激，提示对于面孔的工作记忆表征能够引导对外界刺激的选择性注意。此外，特质焦虑偏高者相对于偏低者，其选择性注意更容易受到对威胁性信息的工作记忆表征的影响，提示特质焦虑水平一定程度上影响个体对威胁表征的敏感性。

总体而言，结果提示特质焦虑偏高者对威胁表征具有易感性，其注意更容易受到威胁表征的影响，进而对环境中无关威胁刺激的注意增强。当环境中的威胁刺激与工作记忆表征完全匹配时，高特质焦虑组被试关注威胁的偏向最显著。即便环境中的威胁刺激与工作记忆表征中的威胁刺激不完全匹配（即，特征不同的愤怒面孔），也会使高特质焦虑者更关注威胁。这一定程度上支持焦虑障碍的图示模型，提示威胁表征能够自上而下地引导高特质焦虑组被试选择性地注意无关的威胁刺激。

五、小结

（1）在威胁性的工作记忆内容对注意的引导作用上，被试在完全匹配、部分匹配及无引导条件下关注威胁的注意偏向大小依次递减，上述条件两两之间差异显著。分组进行分析显示，这一效应仅存在于特质焦虑高分组中。就对威胁性信息的工作记忆表征对注意偏向的改变程度而言，高特质焦虑组被试注意偏向的改变程度显著大于低特质焦虑组。

（2）在中性的工作记忆内容对注意的引导作用上，被试在完全匹配条件下回避威胁的注意偏向显著大于其在部分匹配及无引导条件下的注意偏向，其余差异不显著。就对中性信息的工作记忆表征对注意偏向的改变程度而言，组间差异不显著。

（3）对于面孔的工作记忆表征能够引导对外界同类刺激的选择性注意。

第五章

总讨论

一直以来，研究者关注焦虑的认知机制，并认为对威胁刺激的认知加工偏向在焦虑的起病与维持中扮演着重要的角色①。由于选择性注意在信息加工过程中起到关键作用，在针对焦虑的认知偏向的研究中，研究者往往强调对威胁的注意偏向的重要性②③。然而，近来研究表明焦虑与对威胁的注意偏向之间尽管存在关联④，其关联并不稳定，且不同研究所发现的焦虑

---

① BECK A T, CLARK D A. An information processing model of anxiety: Automatic and strategic processes [J]. *Behaviour Research and Therapy*, 1997, 35: 49-58.

② MACLEOD C, CLARKE P J. The attentional bias modification approach to anxiety intervention [J]. *Clinical Psychological Science*, 2015, 3 (1): 58-78.

③ MOGG K, BRADLEY B P. Anxiety and attention to threat: Cognitive mechanisms and treatment with attention bias modification [J]. *Behaviour Research and Therapy*, 2016, 87: 76-108.

④ BAR-HAIM Y, LAMY D, PERGAMIN L, et al. Threat-related attentional bias in anxious and nonanxious individuals: a meta-analytic study [J]. *Psychological Bulletin*, 2007, 133 (1): 1-24.

相关的注意偏向模式存在不一致①②。更为重要的是，两者之间的因果关联性缺乏证据支持③。这一定程度上提示可能存在其他机制调节焦虑与其对威胁注意偏向之间的关联性，并影响焦虑的发生、维持与发展。

已有理论及实证研究认为，在针对焦虑的认知特征及机制的研究中，研究者应考虑执行功能的作用④⑤。执行功能不足可能是使特质焦虑个体产生对威胁性信息的认知加工偏向，进而引发并维持焦虑的重要原因。然而，目前仍缺少系统性的实验研究检验焦虑与执行功能之间的关系。具体而言，当研究者尝试引入执行功能并探讨执行功能与焦虑的关系时，由于执行功能的概念较为宽泛，研究者难以进行聚焦的、系统的研究。在文献综述的基础上，本系列研究以视觉工作记忆功能为切入

① CISLER J M, KOSTER E H. Mechanisms of attentional biases towards threat in anxiety disorders: An integrative review [J]. *Clinical Psychology Review*, 2010, 30 (2): 203-216.

② VAN BOCKSTAELE B, VERSCHUERE B, TIBBOEL H, et al. A review of current evidence for the causal impact of attentional bias on fear and anxiety [J]. *Psychological Bulletin*, 2014, 140 (3): 682-721.

③ MOGOAŞE C, DAVID D, KOSTER E H. Clinical Efficacy of Attentional Bias Modification Procedures: An Updated Meta-Analysis [J]. *Journal of Clinical Psychology*, 2014, 70 (12): 1133-1157.

④ SNYDER H R, MIYAKE A, HANKIN B L. Advancing understanding of executive function impairments and psychopathology: bridging the gap between clinical and cognitive approaches [J]. *Frontiers in Psychology*, 2015, 6: 132040.

⑤ TAYLOR C T, CROSS K, AMIR N. Attentional control moderates the relationship between social anxiety symptoms and attentional disengagement from threatening information [J]. *Journal of Behavior Therapy and Experimental Psychiatry*, 2016, 50: 68-76.

点，系统考察了特质焦虑者的视觉工作记忆功能及其与注意分配的关系，并探讨特质焦虑的认知特征及机制。本研究以视觉工作记忆为切入点主要出于以下考虑。视觉工作记忆包含中央执行（或注意控制）成分及资源存储成分①②。注意控制功能不足可能是焦虑个体容易受到威胁刺激干扰的原因③④⑤。视觉工作记忆资源也为认知加工的正常进行提供必要支持，而资源不足将妨碍正常加工进程⑥。而且，视觉工作记忆内容能够自上而下地引导注意分配⑦⑧。鉴于此，研究者认为，焦虑个体的视觉工作记忆功能对其威胁加工进程具有重要影响。

基于上述观点，本系列研究考察了对威胁刺激的认知加工

---

① BADDELEY A. Working memory: looking back and looking forward [J]. *Nature Reviews Neuroscience*, 2003, 4 (10): 829-839.

② BADDELEY A. Working memory: theories, models, and controversies [J]. *Annual Review of Psychology*, 2012, 63: 1-29.

③ BERGGREN N, DERAKSHAN N. Attentional control deficits in trait anxiety: why you see them and why you don't [J]. *Biological Psychology*, 2013, 92 (3): 440-446.

④ DERAKSHAN N, EYSENCK M W. Anxiety, processing efficiency, and cognitive performance: New developments from attentional control theory [J]. *European Psychologist*, 2009, 14 (2): 168-176.

⑤ EYSENCK M W, DERAKSHAN N, SANTOS R, et al. Anxiety and cognitive performance: Attentional control theory [J]. *Emotion*, 2007, 7: 336-353.

⑥ LAVIE N. Distracted and confused?: Selective attention under load [J]. *Trends in Cognitive Sciences*, 2005, 9 (2): 75-82.

⑦ BECK D M, KASTNER S. Top-down and bottom-up mechanisms in biasing competition in the human brain [J]. *Vision Research*, 2009, 49 (10): 1154-1165.

⑧ HOLLINGWORTH A, BECK V M. Memory-based attention capture when multiple items are maintained in visual working memory [J]. *Journal of Experimental Psychology: Human Perception and Performance*, 2016, 42 (7): 911-917.

过程中，焦虑个体的视觉工作记忆功能：研究一考察了特质焦虑者在视觉工作记忆中的注意控制能力，也即焦虑个体对无关信息的滤除功能。研究利用了前置及后置线索，结合变化探测任务，分别考察焦虑个体在工作记忆编码及工作记忆维持阶段的滤除功能，以澄清控制不足的发生时程与形式。此外，研究利用同质性记忆序列，分别考察焦虑个体加工威胁、积极及中性记忆序列时的滤除功能，有效地避免了在记忆序列中混合呈现威胁和中性的刺激混淆注意捕获效应的可能，进而，更有效地探测焦虑个体针对（无关）威胁信息的滤除功能。研究二考察了焦虑与视觉工作记忆资源的关系，并在以往研究基础上做出了推进，也即，将容量—精确度代偿的思路纳入，分别考察了焦虑个体的视觉工作记忆容量与精确度，并以情绪面孔为材料，考察了焦虑个体加工威胁、积极及中性刺激时的视觉工作记忆资源分配。研究三考察了特质焦虑者的视觉工作记忆内容对其对外界威胁线索的选择性注意的影响。鉴于目前缺乏研究考察工作记忆表征如何影响焦虑个体对外界威胁刺激的注意偏向，研究三对此做出了推进，将工作记忆引导注意的思路纳入当前针对焦虑认知机制的研究体系，系统考察了焦虑个体对威胁与非威胁刺激的工作记忆表征如何影响焦虑个体对外界威胁及非威胁信息的选择性加工。

第一节 特质焦虑对视觉工作记忆中注意控制功能的影响

研究一主要探讨特质焦虑个体在信息加工的不同阶段、针对不同情绪效价的信息（威胁、积极及中性面孔）的注意控制功能。实验一主要考察了特质焦虑者在工作记忆维持阶段的注意控制功能。实验一将变化探测任务与后置线索相结合，在记忆矩阵消失后，后置有效线索可准确指示出目标表征的方位，后置中性线索则不提供任何指示。被试可根据后置有效线索的指示选择性地加工目标表征并滤除其他无关表征的干扰，以提高任务表现。实验一结果显示，在后置有效线索条件下，特质焦虑水平偏低者对目标刺激的记忆准确率显著大于特质焦虑偏高者；两者在后置中性线索条件下的记忆准确率差异不显著。已有研究表明，后置线索任务涉及额顶活动①以及额叶和枕叶之间的功能连接②，支持注意控制参

① GRIFFIN I C, NOBRE A C. Orienting attention to locations in internal representations [J]. *Journal of Cognitive Neuroscience*, 2003, 15 (8): 1176-1194.

② KUO B C, YEH Y Y, CHEN A J W, et al. Functional connectivity during top-down modulation of visual short-term memory representations [J]. *Neuropsychologia*, 2011, 49 (6): 1589-1596.

与调控个体对后置线索的利用。成功利用后置线索需个体抑制与当前目标表征无关的信息的干扰，促进对目标相关表征的维持以防止目标表征衰减①②。可见，实验一结果提示特质焦虑偏高者的注意控制功能偏低，表现为特质焦虑偏高者根据线索指示选择性地加工目标表征、滤除无关表征的能力弱于特质焦虑偏低者。

实验二继续考察了焦虑个体在工作记忆编码阶段的控制功能：将变化探测任务与前置线索相结合，在记忆矩阵出现前，前置有效线索先准确指示出目标表征的方位，前置中性线索则不提供任何指示。被试可根据前置有效的线索指示，将注意聚焦于目标线索方位、排除无关刺激的输入。实验二结果显示，特质焦虑高、低分组根据线索提示选择性地加工外界刺激输入的能力无显著差异。

Stout 等（2013，2015）结合线索指示与变化探测任务以考察焦虑个体的注意控制功能，但这些研究往往在记忆序列呈现的同时提供线索指示，进而无法区分控制功能缺陷的发生时

---

① SREENIVASAN K K，JHA A P. Selective attention supports working memory maintenance by modulating perceptual processing of distractors [J]. *Journal of Cognitive Neuroscience*，2007，19（1）：32-41.

② MATSUKURA M，LUCK S J，VECERA S P. Attention effects during visual short-term memory maintenance：protection or prioritization? [J]. *Attention*，*Perception*，*& Psychophysics*，2007，69（8）：1422-1434.

程①②。本研究则通过在记忆序列之前及之后分别呈现线索指示，有效地区分了控制功能不足的发生阶段，提示焦虑个体的注意控制不足体现在工作记忆维持阶段而非编码阶段。而且，Stout 等试图考察焦虑对无关威胁信息的滤除功能，在其研究中要求被试同时记忆中性和愤怒面孔，并指示愤怒面孔为无关信息，要求被试定向加工中性面孔、排除威胁面孔。然而，中性和威胁刺激间的显著性差异将伴随自下而上的刺激驱动的影响，也即，威胁刺激捕获注意，造成加工初期认知资源的分配不均。进而，Stout 等的研究结果可能反映的是焦虑个体更容易受到威胁性信息的注意捕获，而非焦虑个体对威胁性刺激的注意控制不足。本研究中控制记忆矩阵内面孔的情绪效价一致，缓解了由刺激显著性不同而造成的干扰。结果发现，当排除记忆序列内部显著性差异所造成的注意捕获效应后，焦虑个体表现出的注意控制不足并非仅针对威胁刺激，而是一种更广泛的、针对整体信息的（包括正性、中性及负性信息）控制不足。

基于上述结果与讨论，研究一考察了特质焦虑对个体工作

① STOUT D M, SHACKMAN A J, LARSON C L. Failure to filter: Anxious individuals show inefficient gating of threat from working memory [J]. *Frontiers in Human Neuroscience*, 2013, 7: 58.

② STOUT D M, SHACKMAN A J, JOHNSON J S, et al. Worry is associated with impaired gating of threat from working memory [J]. *Emotion*, 2015, 15 (1): 6-11.

记忆注意控制功能的影响。结合实验一和实验二的结果可知，特质焦虑对个体注意控制功能的影响发生在认知加工后期的工作记忆维持阶段，而没有发生在早期的信息输入和工作记忆编码阶段，表现为难以选择性地加工工作记忆表征并滤除无关表征，但能够选择性的加工外界环境中的信息输入、排除无关信息输入。而且，在工作记忆维持阶段的注意控制功能不足并非针对威胁信息，而是对整体信息（包括正性、中性及负性信息）加工的控制不足。结合对焦虑障碍的认知行为治疗模型，在焦虑症状发生前存在诱发刺激。诱发刺激不仅是外界存在的刺激，更可能是内在心理表征，例如，预期担忧、闯入性思维或意象，或者是事后回顾。这种对心理表征的整体的控制不足将使得特质焦虑者更容易受到无关心理表征（如，闯入性意象）的干扰，妨碍当前目标任务的执行。相应的，这也增加了特质焦虑者受威胁性心理表征影响的概率，并在产生（消极）心理表征之后、更难排除其影响，进一步引发、维持负面情绪。

第二节 特质焦虑对视觉工作记忆资源水平的影响

研究二关注特质焦虑者的工作记忆资源水平。研究者认为工作记忆资源为认知活动的正常进行提供支持。当工作记忆资源不足时，个体的注意分配可能更容易受到与任务无关的信息的干扰，使注意分配模式发生变化①。本研究澄清了特质焦虑水平对视觉工作记忆资源的影响模式。具体而言，研究二的实验一利用变化探测任务②，考察个体对威胁、高兴及中性面孔的工作记忆容量，以及个体特质焦虑水平对工作记忆容量的影响。结果发现，特质焦虑水平对视觉工作记忆容量存在一定的整体性的影响。进而，结果支持特质焦虑与工作记忆容量损伤有关③。

然而，Moriya 和 Sugiura（2012a）发现特质焦虑与工作记忆容量增加有关④。他们考察了焦虑个体对颜色块和线段朝向等简单刺激的视觉工作记忆容量，在研究中采用了探测序列而非单一探测刺激测试记忆表现，这很可能涉及组块或以序列模式为记忆背景线索促进记忆成绩的加工策略⑤。从而，Moriya

① JUDAH M R, GRANT D M, LECHNER W V, et al. Working memory load moderates late attentional bias in social anxiety [J]. *Cognition & Emotion*, 2013, 27 (3): 502-511.

② JACKSON M C, WU C Y, LINDEN D E, et al. Enhanced visual short-term memory for angry faces [J]. *Journal of Experimental Psychology: Human Perception and Performance*, 2009, 35 (2): 363-374.

③ QI S, CHEN J, HITCHMAN G, ZENG Q, et al. Reduced representations capacity in visual working memory in trait anxiety [J]. *Biological Psychology*, 2014, 103: 92-99.

④ MORIYA J, SUGIURA Y. High visual working memory capacity in trait social anxiety [J]. *PloS One*, 2012a, 7 (4): e34244.

⑤ MATSUKURA M, HOLLINGWORTH A. Does visual short-term memory have a high-capacity stage? [J]. *Psychonomic Bulletin & Review*, 2011, 18 (6): 1098-1104.

和 Sugiura 的结果可能反映了高焦虑组被试更善于利用整体背景信息提高记忆成绩，或者，高、低焦虑组被试之间的差异很可能反映了对简单刺激的模式识别的差异，而非提示高焦虑个体具有更高的记忆容量。相对于 Moriya 和 Sugiura 的研究，本研究利用面孔刺激为材料，并采用单一探测刺激考察记忆表现，能够有效地排除可能的背景效应或组块策略的影响。基于此，实验一结果提示，针对面孔刺激的加工，特质焦虑对个体的视觉工作记忆容量存在负面影响。

研究二中的实验二又进一步考察了个体的焦虑特质对情绪面孔记忆精确度的影响。研究利用渐变面孔序列，要求被试再认记忆面孔，以测试记忆精确度。实验二结果未发现焦虑特质对记忆精确度的影响。研究二中的实验三则进一步探索了个体对情绪面孔的情绪强度的基于感知觉以及基于工作记忆表征的评估精确度。结果发现，无论是基于感知觉还是基于工作记忆表征来进行评估，相对于正性面孔，被试高估威胁性面孔的情绪强度的程度更明显；但特质焦虑水平对面孔情绪强度的评估精确度没有显著影响。研究二实验四则进一步排除了个体的特质焦虑水平对其面孔辨别能力存在影响。

总体而言，研究二结果提示特质焦虑对个体视觉工作记忆资源存在一定的影响，体现为特质焦虑水平越高，其对不同情绪效价面孔的工作记忆容量更低。这提示，特质焦虑可能损伤工作记忆资源。考虑到工作记忆资源对维持认知加工进程的重要作用，这一资源损伤可能是导致焦虑个体对威胁刺激出现认知加工偏向的影响因素之一。

第三节　特质焦虑者的视觉工作记忆内容对其选择性注意的影响

研究三利用实验手段探索特质焦虑者的工作记忆内容如何自上而下的影响特质焦虑者对外界威胁线索的选择性注意。研究三结合了变化探测任务与点探测任务，考察在维持对一张威胁或中性面孔的工作记忆表征时，高、低特质焦虑组被试对威胁的选择性注意模式。

研究三包含 3 个任务，任务 1 考察对威胁面孔的工作记忆表征如何影响选择性注意。结果发现，特质焦虑高分组被试在完全匹配条件下关注威胁的注意偏向显著大于部分匹配，后者又显著大于无引导条件下的注意偏向。而且，总体而言，特质焦虑高分组相对于低分组被试受威胁表征的引导程度更大，关注威胁的注意偏向改变更明显。任务 2 考察对中性面孔的工作记忆表征如何影响选择性注意。结果发现，被试在完全匹配条件下关注中性面孔而回避威胁面孔的注意偏向显著大于部分匹配及无引导条件下的注意偏向。然而，中性表征对高、低焦虑组被试的引导效应无显著差异。任务 3 考察对面孔的工作记忆表征能否引导注意。被试在完全匹配条件下会更多的注意与工作记忆内容相匹配的刺激，提示对面孔的工作记忆表征能够引导对外界刺激的选择性注意。此外，相对于特质焦虑偏低者，特质焦虑偏高者的选择性注意更容易受到对威胁性信息的工作记忆表征的影响，提示特质焦虑水平一定程度上影响个体对威胁性表征的敏感性。

综合上述任务结果可知，对中性及威胁性信息的工作记忆表征均可引导个体对外界刺激的选择性注意：对中性信息的工作记忆表征引导个体回避威胁，对威胁性信息的工作记忆表征引导个体关注威胁。然而，高特质焦虑组被试对威胁表征的引导作用更敏感。当高特质焦虑组被试维持威胁性的工作记忆表征时，对比完全匹配与无引导条件，高分组被试对无关威胁刺激的注意偏向（关注威胁）显著提高，提示威胁表征对注意的引导效应显著，支持焦虑障碍的图示模型；对比部分匹配与无引导条件，特质焦虑偏高者也表现出更显著的关注威胁的倾向。这可能是由于维持一张威胁面孔的工作记忆表征消耗了高特质焦虑者的认知资源，进而使其更容易受到威胁刺激干扰，反映出特质焦虑高、低分组被试在工作记忆资源上的差异。然而，在维持对中性面孔的工作记忆表征时，特质焦虑高、低分组间注意偏向的变化程度（相对于无引导）并无显著差异。这说明部分匹配的威胁表征对特质焦虑高分组被试的注意引导作用并非仅仅是由工作记忆负载增加引起的，也受到了工作记忆内容情绪效价的影响——威胁性表征引导对外界威胁性刺激的注意不需要刺激特征的完全匹配，这一过程可发生在特征相似、效价一致的内在心理表征与外部刺激之间。

此外，Wyble 等（2008）认为个体在信息加工过程中留意到威胁线索后，会降低对当前任务的认知控制，转而进入对威胁性刺激的检索、加工及应对模式①。Iordan 等（2013）综述相关研究发现，当出现威胁性干扰物时，腹侧情绪加工脑区的激活伴随着背侧执行控制区域的激活减弱②。研究发现，当在颜色 Stroop 任务前呈现威胁性刺激，高特质焦虑组被试的 Stroop 干扰效应显著增加③；而在对线段的视觉搜索任务前呈现不同情绪效价的面孔，当呈现愤怒、惊讶或恐惧表情面孔（相对于中性和打碎面孔）时，低焦虑组被试搜索成绩提高，而高焦虑组被试搜索成绩降低④。可见，特质焦虑可能促进了威胁情绪对执行控制能力的“解除”效应。本研究要求被试维

① WYBLE B, SHARMA D, BOWMAN H. Strategic regulation of cognitive control by emotional salience: A neural network model [J]. *Cognition and Emotion*, 2008, 22 (6): 1019-1051.

② IORDAN A D, DOLCO S, DOLCO F. Neural signatures of the response to emotional distraction: a review of evidence from brain imaging investigations [J]. *Frontiers in Human Neuroscience*, 2013, 7: 200.

③ KALANTHROFF E, HENIK A, DERAKSHAN N, et al. Anxiety, emotional distraction, and attentional control in the Stroop task [J]. *Emotion*, 2016, 16 (3): 293-300.

④ HAAS S A, AMSO D, FOX N A. The effects of emotion priming on visual search in socially anxious adults [J]. *Cognition and Emotion*, 2017, 31 (5): 1041-1054.

持对威胁面孔的工作记忆表征，特质焦虑偏高者相对于偏低者可能会更显著的调低其对当前任务的认知控制，进而影响其任务表现，并表现出更明显的对威胁的注意偏向。

总体而言，研究三提示高特质焦虑者对威胁的非适应加工模式。在总体被试样本中，个体对外界的注意分配受到当前工作记忆内容的影响，这一模式具有适应性，可以帮助个体及时对潜在威胁做出反应。然而，特质焦虑偏高者相对于偏低者对威胁表征具有更强的易感性，其根据当前目标调节威胁表征对注意引导作用的能力偏低，在维持威胁表征时更容易关注外界环境中无关的威胁刺激。并且，高、低特质焦虑者受中性表征的引导程度相似。这进一步提示，高特质焦虑组被试对威胁表征敏感，而并非广泛性地对工作记忆内容的引导敏感。结合焦虑的认知行为模型，高焦虑个体可能对闯入性意象控制不足，而当这一闯入性意象为负性时，高焦虑个体会对负性心理表征更为敏感，降低对当前目标任务的执行，而对环境中的威胁刺激过度关注，进而引发并维持焦虑。

第四节 特质焦虑者加工威胁信息时的认知偏向及认知机制探讨

以往研究过度强调对威胁的注意偏向在焦虑障碍的起病及

维持中的作用。然而，近来研究则发现对威胁的注意偏向与焦虑之间的关系不稳定；这提示存在其他因素影响焦虑。本研究系统考察了特质焦虑者的工作记忆特征及其与注意分配的关系，并探讨了视觉工作记忆对焦虑发生、发展与维持的影响。本研究分别从特质焦虑与工作记忆中的注意控制，注意引导功能，以及视觉工作记忆资源三方面展开研究。基于三部分研究结果，本研究认为特质焦虑者对外界威胁性信息的注意偏向只能反映特质焦虑者的一部分认知特征，其在引发并维持焦虑中起到的作用有限；而且，本研究认为存在其他认知因素影响特质焦虑者的注意偏向模式。本研究结果提示，视觉工作记忆功能异常是特质焦虑者的重要认知特征，并且也是特质焦虑者对外界威胁性刺激的注意偏向的影响机制之一，可能在焦虑的发生、发展与维持中起到一定作用。

总结三部分研究可知，特质焦虑会显著影响注意控制，导致特质焦虑者对整体工作记忆表征的选择性加工能力减弱，难以定向地加工目标、滤除无关干扰。这可能使得特质焦虑者更容易受到无关闯入性意象等内在心理表征的影响，干扰当前任务执行。而相应的，特质焦虑还会对工作记忆资源造成一定的损伤，这可能妨碍特质焦虑者正常认知加工进程的进行，不利于特质焦虑者基于目标进行认知调控。而且，特质焦虑偏高者相对于偏低者对威胁表征（而非中性表征）表现出易感性，受威胁表征影响时更容易关注外界环境中的威胁信息。这提示特质焦虑偏高者可能对威胁表征过度敏感，进而其内部威胁性工作记忆表征可能引发对外界威胁线索的过度关注，导致内外相互促进的恶性循环，引发并维持焦虑。

基于三部分研究结果，研究者提出一个整合的焦虑的认知机制模型。具体而言，基于本研究结果，研究者认为特质焦虑者可能存在对内部工作记忆表征的选择性加工不足以及工作记忆资源的不足，这使得他们更难自上而下的根据当前目标调控认知加工进程，继而导致他们更容易被威胁性线索干扰，出现认知加工偏向；同时，他们对威胁性信息的工作记忆表征会引导他们在加工外界环境中信息时的注意分配模式，导致他们过度地关注外界环境中的威胁性信息。上述机制相互促进，在一定程度上维持了个体对外界环境中威胁性线索的选择性加工偏向，共同作用于焦虑的发生、发展与维持。

综上，本研究将视觉工作记忆纳入研究框架，探讨特质焦虑者对威胁信息的认知加工偏向及焦虑的潜在维持机制。结果提示，视觉工作记忆功能异常是特质焦虑者的一种重要的认知特征，可能引发并维持焦虑感；而且对外部环境中的威胁线索的注意偏向可能受到特质焦虑者工作记忆功能的影响。首先，对内部无关工作记忆内容的选择性加工功能不足，可能使特质焦虑者更容易受到无关心理表征的干扰；相应的，特质焦虑者遭遇无关威胁表征干扰的概率也随之增加，更容易产生或维持焦虑等负面情绪体验。然后，特质焦虑偏高者表现出一定的工作记忆资源损伤，这可能削弱特质焦虑偏高者自上而下调控认知加工进程的能力，进而更容易出现对威胁信息的加工偏向。最后，对威胁性信息的工作记忆表征会更显著地将特质焦虑者的注意导向外部环境中的威胁性线索。一定程度上，特质焦虑者对内在工作记忆表征的注意控制不足，工作记忆资源不足，容易受到对威胁性信息的工作记忆表征的注意引导，以及随之形成的对外部环境中的威胁性线索的注意偏向可能相互影响、促进，进一步导致特质焦虑者对内在及外在威胁性线索的过度关注，引发并维持焦虑感。

本研究以视觉工作记忆功能为切入点，考察了特质焦虑者的视觉工作记忆特征及其与注意分配之间的关系，并进一步探讨视觉工作记忆对焦虑维持的影响。然而，除工作记忆资源、注意控制及注意引导效应之外，可能还存在其他潜在的作用通路影响特质焦虑者对威胁信息的加工以及焦虑症状的维持与发展。当前结论主要基于本研究结果形成，主要围绕特质焦虑者对威胁性与非威胁性面孔刺激的加工，进而，基于本研究结果所推导得出的结论仍需要后续研究的跟进与改善。

第五节　研究的创新性及意义

本研究不再在单一探讨焦虑与对威胁的注意偏向之间的关

系，而进一步将视觉工作记忆纳入研究框架，探索特质焦虑者对威胁性信息加工偏向的潜在认知机制。本系列研究聚焦于视觉工作记忆功能，系统地考察了特质焦虑与工作记忆注意控制、视觉工作记忆资源、以及工作记忆引导注意功能的关系；研究结果有助于深入理解焦虑的认知偏向特征及维持机制。本研究对当前领域具有以下贡献。

本研究具有一定的理论推进意义。本研究通过实验手段探索在对威胁性信息的加工过程中，特质焦虑对注意控制功能及视觉工作记忆资源的影响，并在此基础上进一步探讨视觉工作记忆表征如何自上而下的影响特质焦虑者对外界环境中的威胁性线索的选择性注意。本研究不再局限于单一探讨特质焦虑与对外界环境中的威胁性刺激的注意偏向的关联，而是更进一步将视觉工作记忆功能及其自上而下的影响纳入研究框架，以更整合的思路探讨特质焦虑者对威胁信息的认知加工偏向及其潜在的认知机制。此外，本研究也在特质焦虑者的内部心理过程（工作记忆功能）与对外界环境中信息的注意加工之间建立起连接。一定程度上，本研究结果将有助于形成更为整合的焦虑的认知模型以理解焦虑障碍的认知机制。

本研究在研究方法上也有一定新意。研究三借鉴工作记忆引导注意的思路，将变化探测任务与点探测任务结合。鉴于点探测任务是非常常用的测试焦虑个体注意偏向的任务，结合点探测任务考察工作记忆自上而下的注意引导效应，可以更直接地与过往研究衔接，以便理解影响注意偏向的潜在认知机制。此外，考虑到面孔刺激的复杂性，点探测任务中将面孔刺激数量限制为 2 张，以便最大化可能的注意引导效应。这一方法具有一定新意，为未来进一步考察焦虑与工作记忆功能间的关系提供新手段，但也需要未来研究进一步检验，以探索针对复杂刺激的工作记忆引导注意的最佳测试方法。

本研究成果将有助于今后开发更为有效、有针对性的焦虑的认知训练工具。本研究预实验考察了注意偏向矫正训练改变对威胁的注意偏向以及缓解焦虑的作用，结果发现注意偏向的改变对焦虑水平无显著影响。这提示，太过强调对威胁的注意偏向在焦虑的起病及维持中的作用过度简化了焦虑的认知机制。然而，注意偏向矫正训练利用认知训练针对焦虑的认知缺陷进行矫正、进而改善焦虑的思路值得借鉴。本研究结果将提供更整合的框架以理解焦虑的认知缺陷，为今后形成更有效的认知训练工具提供方向。例如，研究发现焦虑与对工作记忆表征的注意控制能力不足有关，可以设计相关的认知训练，增强这类注意控制能力。而且，不同形式、针对不同认知损伤的认知训练可以相互组合，形成训练模块，与当前的网络化认知行为治疗相结合，更可能起到增益疗效的作用。

第六节 研究的局限

本研究存在一定局限性，具体如下：首先，本研究主要考察特质焦虑对个体工作记忆维持、操纵功能以及工作记忆引导注意功能的影响。然而，特质焦虑水平无临床与亚临床的划分，而关注个体人格层面稳定的焦虑倾向，与病理性焦虑及心理障碍显著相关。许多有关焦虑的理论及实验研究均基于特质焦虑样本进行，并对理解临床病理性焦虑的认知机制有积极启示。鉴于焦虑是一个由正常至异常的连续谱，本研究结果具有推广至临床样本的潜质，但仍需谨慎考虑，并需要针对特定焦虑障碍（如，广泛性焦虑障碍、社交焦虑障碍等）或具体的焦虑症状（如，担忧、回避等）进行重复实验。

其次，已有研究表明抑郁对个体执行功能，如工作记忆能力，也有显著影响[①]，并且与焦虑的影响存在差异[②]。若能同时、分别考察焦虑与抑郁的作用，将有助于区分焦虑特异、抑郁特异及两者共有的执行功能异常模式，进而更明确地描绘焦

① JOORMANN J, STANTON C H. Examining emotion regulation in depression: A review and future directions [J]. *Behaviour Research and Therapy*, 2016, 86: 35-49.

② YOON K L, KUTZ A M, LEMOULT J, et al. Working memory in social anxiety disorder: better manipulation of emotional versus neutral material in working memory [J]. *Cognition and Emotion*, 2017, 31 (8): 1733-1740.

虑对执行功能的影响方式。

最后，本研究主要以面孔为实验材料，考察特质焦虑者在面孔加工时的工作记忆资源调用、滤除功能以及工作记忆引导注意功能。而有研究表明，面孔失认症可能影响面孔识别。例如，知觉性失认的个体可能在编码面孔特征时存在知觉缺陷，进而影响面孔识别。然而，针对面孔辨别的实验结果表明，特质焦虑水平对面孔识别能力无显著影响，且被试总体识别能力良好，也在一定程度上提示特质焦虑偏高与偏低组间面孔识别能力相当。仍然，考虑到被试的异质性问题，未来涉及面孔的研究中需要考虑在研究开始前排除面孔失认严重或辨别能力低的个体，以排除其对实验结果的影响。

第七节　未来的研究方向

未来研究可从以下方向展开：首先，焦虑对威胁加工的认知机制并非相互独立而是共同作用、相互之间存在关联性。未来研究可进一步考察上述三个模块之间的相互作用。例如，特质焦虑者在视觉工作记忆中的注意控制功能与其受工作记忆内容引导强度之间的关联性。而且，未来研究可尝试结合脑成像技术，考察上述认知活动的神经指针。这也将有助于理解不同认知活动之间的关联性。

其次，未来研究可针对各部分认知机制做更进一步的细化研究。例如，未来研究可进一步细化考察刺激输入后，焦虑个体在工作记忆编码加工过程中对情绪刺激及简单刺激的工作记忆巩固时程；特质焦虑可能影响对威胁等显著刺激的巩固。其次，焦虑个体在工作记忆编码加工过程中对情绪刺激及简单刺激工作记忆表征的稳定性也值得考察，也即焦虑个体多大程度上会受到干扰刺激的干扰以及不同干扰刺激类别的影响；特质焦虑者所维持的心理表征可能容易受到威胁性干扰物的干扰。最后，针对焦虑个体的滤除功能，本研究中采用同质性的刺激呈现方式，例如，每个试次均呈现负性面孔，以便排除自下而上注意捕获的影响。未来研究可尝试结合脑电或脑成像技术，对比同质性（如，呈现3张威胁面孔）及异质性（如，呈现威胁、中性及积极面孔组合）的刺激呈现条件下，特质焦虑对个体滤除功能的影响，整合刺激驱动、自下而上的和目标驱动、自上而下的影响，进而更为细致地考察特质焦虑对执行控制功能的影响。

研究还可将其他相关元素纳入考察框架。例如，焦虑障碍的认知行为治疗理论强调过去学习经历对当前认知表征及选择性加工方式的影响，未来研究可将长时记忆纳入考察框架。鉴于工作记忆与长时记忆、感知觉输入及反应之间的关联，可利用关联性学习在中性刺激与积极、消极及模糊后果之间形成关联，考察这类刺激在工作记忆中的编码加工、维持、操纵及其表征对注意的引导效应，这将有助于进一步理解过去经历或个人历史对当前认知表征及反应的影响机制。再如，考虑到焦虑与抑郁的高共病，已有研究者提出对焦虑与抑郁的跨诊断概念化及治疗①，并认为相对于对焦虑与抑郁做分类型的划分，纳入维度性的评估将最大程度地搜集信息、更全面地理解患者症状。这也提示未来研究的一个趋势即考察焦虑抑郁共病的效应，而且相对于利用量表划界分区分单纯焦虑、单纯抑郁及共病类别，未来研究可结合潜在剖面分析等方法判定个体的焦虑和抑郁类型，进而分析与特定焦虑抑郁类型相关的执行功能特征，进而理解焦虑抑郁独特及共有的功能异常。

最后，本研究支持特质焦虑对工作记忆功能的影响，未来可就此研究主题进行临床检验，然后根据结果开发更具针对性的认知训练任务。鉴于焦虑认知机制的复杂性，相对于单一的认知训练，未来研究可考虑设计更多元的训练组合，例如，将注意训练，解释训练，工作记忆训练及其他相关的执行功能训练相结合，根据个体功能损害模式选择训练组合。这样的认知训练将更系统、全面、灵活，也有助于丰富现有的治疗方案。

---

① NARAGON-GAINEY K, PRENOVEAU J M, BROWN T A, et al. A comparison and integration of structural models of depression and anxiety in a clinical sample: Support for and validation of the tri-level model [J]. *Journal of Abnormal Psychology*, 2016, 125 (7): 853-867.

第八节 结 论

本研究的结论可归纳为以下几点：(1) 特质焦虑得分偏高者，相对于特质焦虑得分偏低者，更难对视觉工作记忆表征进行选择性加工，而表现出对视觉工作记忆表征的广泛性、非特异于威胁性刺激的注意控制能力不足。(2) 基于情绪面孔进行实验，特质焦虑对个体的视觉工作记忆容量存在消极影响而对视觉工作记忆精确度无显著影响。(3) 特质焦虑得分偏高者，相对于特质焦虑得分偏低者，在威胁性工作记忆表征的引导下，关注外界环境中的威胁性线索的注意偏向显著增大。

参考文献

中文著作类：

［1］钱铭怡．变态心理学［M］．北京：北京大学出版社，2006.

［2］汪向东，王希林，马弘．心理卫生评定量表手册（增订版）［M］．北京：中国心理卫生杂志社，1999.

中文期刊类：

［1］曹素霞，李幼辉，李恒芬．不同临床亚型焦虑障碍患者心理特征的比较［J］．广东医学，2009，30（10）：1419-1421.

［2］方芳，王亚光，汪作为．焦虑障碍患者焦虑敏感与特质焦虑的相关研究［J］．临床精神医学杂志，2013，23（3）：160-163.

［3］李文利，钱铭怡．状态特质焦虑量表中国大学生常模修订［J］．北京大学学报（自然科学版），1995，31（1）：108-112.

英文著作类：

［1］BECK A T，EMERY G，GREENBERG R. *Anxiety disorders and phobias：A cognitive perspective*［M］. Basic Books/Hachette Book Group，2005.

［2］SPEILBERGER C D，GORSUCH R L，LUSHENE R，et al. *Manual for the state-trait anxiety inventory*［M］. Palo Alto，CA：Consulting Psychologists，1983.

英文期刊类：

［1］ACHAIBOU A，LOTH E，BISHOP S J. Distinct frontal and amygdala correlates of change detection for facial identity and expression［J］. *Social cognitive and affective neuroscience*，2016，11（2）：225-233.

［2］ALVAREZ G A，CAVANAGH P. The capacity of visual short-term memory is set both by visual information load and by number of objects［J］. *Psychological Science*，2004，15（2）：106-111.

［3］AMIR N，BOMYEA J. Working memory capacity in generalized social phobia [J]. *Journal of Abnormal Psychology*, 2011, 120 (2): 504–509.

[4] AMIR N, ELIAS J, KLUMPP H, et al. Attentional bias to threat in social phobia: Facilitated processing of threat or difficulty disengaging attention from threat? [J]. *Behaviour Research and Therapy*, 2003, 41: 1325–1335.

[5] ANDERSON M C, GREEN C. Suppressing unwanted memories by executive control [J]. *Nature*, 2001, 410 (6826): 366–369.

[6] ANDERSON M C, LEVY B J. Suppressing unwanted memories [J]. *Current Directions in Psychological Science*, 2009, 18 (4): 189–194.

[7] ANSARI T L, DERAKSHAN N. The neural correlates of cognitive effort in anxiety: Effects on processing efficiency [J]. *Biological Psychology*, 2011, 86 (3): 337–348.

[8] BADDELEY A. Working memory: looking back and looking forward [J]. *Nature Reviews Neuroscience*, 2003, 4 (10): 829–839.

[9] BADDELEY A. Working memory: theories, models, and controversies [J]. *Annual Review of Psychology*, 2012, 63: 1–29.

[10] BALDERSTON N L, VYTAL K E, O'CONNELL K,

et al. Anxiety patients show reduced working memory related dlPFC activation during safety and threat [J]. *Depression and Anxiety*, 2017, 34 (1): 25-36.

[11] BAR-HAIM Y. Research review: attention bias modification (ABM): a novel treatment for anxiety disorders [J]. *Journal of Child Psychology and Psychiatry*, 2010, 51 (8): 859-870.

[12] BAR-HAIM Y, LAMY D, PERGAMIN L, et al. Threat-related attentional bias in anxious and nonanxious individuals: a meta-analytic study [J]. *Psychological Bulletin*, 2007, 133 (1): 1-24.

[13] BAYS P M, HUSAIN M. Dynamic shifts of limited working memory resources in human vision [J]. *Science*, 2008, 321 (5890): 851-854.

[14] BECK A T, CLARK D A. An information processing model of anxiety: Automatic and strategic processes [J]. *Behaviour Research and Therapy*, 1997, 35: 49-58.

[15] BECK D M, KASTNER S. Top-down and bottom-up mechanisms in biasing competition in the human brain [J]. *Vision Research*, 2009, 49 (10): 1154-1165.

[16] BERGGREN N, DERAKSHAN N. Attentional control deficits in trait anxiety: why you see them and why you don't [J].

Biological Psychology, 2013, 92 (3): 440-446.

[17] BERGGREN N, DERAKSHAN N. Inhibitory deficits in trait anxiety: Increased stimulus-based or response-based interference? [J]. *Psychonomic Bulletin & Review*, 2014, 21 (5): 1339-1345.

[18] BERGGREN N, RICHARDS A, TAYLOR J, et al. Affective attention under cognitive load: reduced emotional biases but emergent anxiety-related costs to inhibitory control [J]. *Frontiers in Human Neuroscience*, 2013, 7: 188.

[19] BISHOP S J. Neurocognitive mechanisms of anxiety: an integrative account [J]. *Trends in Cognitive Sciences*, 2007, 11 (7): 307-316.

[20] BISHOP S J. Neural mechanisms underlying selective attention to threat [J]. *Annals of the New York Academy of Sciences*, 2008, 1129 (1): 141-152.

[21] BISHOP S J. Trait anxiety and impoverished prefrontal control of attention [J]. *Nature Neuroscience*, 2009, 12 (1): 92-98.

[22] BISHOP S, DUNCAN J, BRETT M, et al. Prefrontal cortical function and anxiety: controlling attention to threat-related stimuli [J]. *Nature Neuroscience*, 2004, 7 (2): 184-188.

[23] BISHOP S J, JENKINS R, LAWRENCE A D. Neural

processing of fearful faces: effects of anxiety are gated by perceptual capacity limitations [J]. *Cerebral Cortex*, 2007, 17 (7): 1595-1603.

[24] BOMYEA J, AMIR N. The effect of an executive functioning training program on working memory capacity and intrusive thoughts [J]. *Cognitive Therapy and Research*, 2011, 35 (6): 529-535.

[25] BREWIN C R, SMART L. Working memory capacity and suppression of intrusive thoughts [J]. *Journal of Behavior Therapy and Experimental Psychiatry*, 2005, 36 (1): 61-68.

[26] BURGESS G C, GRAY J R, CONWAY A R, et al. Neural mechanisms of interference control underlie the relationship between fluid intelligence and working memory span [J]. *Journal of Experimental Psychology: General*, 2011, 140 (4): 674-692.

[27] CAMPBELL D W, SAREEN J, PAULUS M P, et al. Time-varying amygdala response to emotional faces in generalized social phobia [J]. *Biological Psychiatry*, 2007, 62 (5): 455-463.

[28] CARLSON J M, REINKE K S. Masked fearful faces modulate the orienting of covert spatial attention [J]. *Emotion*, 2008; 8 (4): 522-529.

[29] CARTER S A, WU K D. Symptoms of specific and gen-

eralized social phobia: An examination of discriminant validity and structural relations with mood and anxiety symptoms [J]. *Behavior Therapy*, 2010, 41: 254-265.

[30] CHEN N T M, THOMAS L M, CLARKE P J F, et al. Hyperscanning and avoidance in social anxiety disorder: the visual scanpath during public speaking [J]. *Psychiatry Research*, 2015, 225 (3): 667-672.

[31] CHUN M M, GOLOMB J D, TURK-BROWNE N B. A taxonomy of external and internal attention [J]. *Annual Review of Psychology*, 2011, 62: 73-101.

[32] CISLER J M, KOSTER E H. Mechanisms ofattentional biases towards threat in anxiety disorders: An integrative review [J]. *Clinical Psychology Review*, 2010, 30 (2): 203-216.

[33] CLARKE P J, NOTEBAERT L, MACLEOD C. Absence of evidence or evidence of absence: reflecting on therapeutic implementations ofattentional bias modification [J]. *BMC Psychiatry*, 2014, 14: 1-6.

[34] CONWAY A R, KANE M J, ENGLE R W. Working memory capacity and its relation to general intelligence [J]. *Trends in cognitive sciences*, 2003, 7 (12): 547-552.

[35] COWAN N. The magical number 4 in short - term memory: A reconsideration of mental storage capacity [J]. *Behav-*

ioral and Brain Sciences, 2001, 24: 87-185.

[36] CURBY K M, GAUTHIER I. A visual short-term memory advantage for faces [J]. *Psychonomic Bulletin & Review*, 2007, 14 (4): 620-628.

[37] DERAKSHAN N, EYSENCK M W. Anxiety, processing efficiency, and cognitive performance: New developments fromattentional control theory [J]. *European Psychologist*, 2009, 14 (2): 168-176.

[38] DESIMONE R, DUNCAN J. Neural mechanisms of selective visual attention [J]. *Annual Review of Neuroscience*, 1995, 18 (1): 193-222.

[39] DIAMOND A. Executive functions [J]. *Annual Review of Psychology*, 2013, 64: 135-168.

[40] EDWARDS M S, MOORE P, CHAMPION J C, et al. Effects of trait anxiety and situational stress on attentional shifting are buffered by working memory capacity [J]. *Anxiety Stress Coping*, 2015, 28 (1): 1-16.

[41] ENG H Y, CHEN D, JIANG Y. Visual working memory for simple and complex visual stimuli [J]. *Psychonomic Bulletin & Review*, 2005, 12 (6): 1127-1133.

[42] EYSENCK M W, DERAKSHAN N, SANTOS R, et al. Anxiety and cognitive performance: Attentional control theory [J].

Emotion, 2007, 7: 336-353.

[43] FISHER P L, DURHAM R C. Recovery rates in generalized anxiety disorder following psychological therapy: an analysis of clinically significant change in the STAI-T across outcome studies since 1990 [J]. *Psychological Medicine*, 1999, 29 (06): 1425-1434.

[44] FULLANA M A, TORTELLA-FELIU M, DE LA CRUZ L F, et al. Risk and protective factors for anxiety and obsessive-compulsive disorders: an umbrella review of systematic reviews and meta-analyses [J]. *Psychological medicine*, 2020, 50 (8): 1300-1315.

[45] GAZZALEY A, NOBRE A C. Top-down modulation: bridging selective attention and working memory [J]. Trends in Cognitive Sciences, 2012, 16 (2): 129-135.

[46] GRIFFIN I C, NOBRE A C. Orienting attention to locations in internal representations [J]. *Journal of Cognitive Neuroscience*, 2003, 15 (8): 1176-1194.

[47] GUSTAVSON D E, MIYAKE A. Trait worry is associated with difficulties in working memory updating [J]. *Cognition and Emotion*, 2016, 30 (7): 1289-1303.

[48] HAAS S A, AMSO D, FOX N A. The effects of emotion priming on visual search in socially anxious adults [J]. *Cognition*

and Emotion, 2017, 31 (5): 1041-1054.

[49] HOLLINGWORTH A, BECK V M. Memory-based attention capture when multiple items are maintained in visual working memory [J]. *Journal of Experimental Psychology: Human Perception and Performance*, 2016, 42 (7): 911-917.

[50] HUANG Y, WANG Y, WANG H, et al. Prevalence of mental disorders in China: a cross-sectional epidemiological study [J]. *The Lancet. Psychiatry*, 2019, 6 (3): 211-224.

[51] IORDAN A D, DOLCO S, DOLCO F. Neural signatures of the response to emotional distraction: a review of evidence from brain imaging investigations [J]. *Frontiers in Human Neuroscience*, 2013, 7: 200.

[52] JACKSON M C, LINDEN D E, ROBERTS M V, et al. Similarity, not complexity, determines visual working memory performance [J]. *Journal of Experimental Psychology: Learning, Memory, and Cognition*, 2015, 41 (6): 1884-1892.

[53] JACKSON M C, WU C Y, LINDEN D E, et al. Enhanced visual short-term memory for angry faces [J]. *Journal of Experimental Psychology: Human Perception and Performance*, 2009, 35 (2): 363-374.

[54] JIANG Y V, SHIM W M, MAKOVSKI T. Visual working memory for line orientations and face identities [J]. *Atten-*

tion, *Perception, & Psychophysics*, 2008, 70 (8): 1581-1591.

[55] JOORMANN J, STANTON C H. Examining emotion regulation in depression: A review and future directions [J]. *Behaviour Research and Therapy*, 2016, 86: 35-49.

[56] JUDAH M R, GRANT D M, LECHNER W V, et al. Working memory load moderates lateattentional bias in social anxiety [J]. *Cognition & Emotion*, 2013, 27 (3): 502-511.

[57] KALANTHROFF E, HENIK A, DERAKSHAN N, et al. Anxiety, emotional distraction, and attentional control in the Stroop task [J]. *Emotion*, 2016, 16 (3): 293-300.

[58] KANDEMIR G, AKYÜREK E G, NIEUWENSTEIN M R. Retro-Active Emotion: Do Negative Emotional Stimuli Disrupt Consolidation in Working Memory? [J]. *PloS One*, 2017, 12 (1): e0169927.

[59] KENSINGER E A. Remembering the details: Effects of emotion [J]. *Emotion Review*, 2009, 1 (2): 99-113.

[60] KESSLER R C, CHIU W T, DEMLER O, et al. Prevalence, severity, and comorbidity of 12-month DSM-IV disorders in the National Comorbidity Survey Replication [J]. *Archives of General Psychiatry*, 2005, 62 (6): 617-627.

[61] KOSTER E H W, CROMBEZ G, VERSCHUERE B, et al. Attention to threat in anxiety-prone individuals: Mechanisms

underlying attentional bias [J]. *Cognitive Therapy and Research*, 2006, 30: 635-643.

[62] KOSTER E H W, VERSCHUERE B, CROMBEZ G, et al. Time-course of attention for threatening pictures in high and low trait anxiety [J]. *Behaviour Research and Therapy*, 2005, 43: 1087-1098.

[63] KUO B C, STOKES M G, NOBRE A C. Attention modulates maintenance of representations in visual short-term memory [J]. *Journal of Cognitive Neuroscience*, 2012, 24 (1): 51-60.

[64] KUO B C, YEH Y Y, CHEN A J W, et al. Functional connectivity during top-down modulation of visual short-term memory representations [J]. *Neuropsychologia*, 2011, 49 (6): 1589-1596.

[65] LAVIE N. Distracted and confused?: Selective attention under load [J]. *Trends in Cognitive Sciences*, 2005, 9 (2): 75-82.

[66] LUCK S J, VOGEL E K. The capacity of visual working memory for features and conjunctions [J]. *Nature*, 1997, 390 (6657): 279-281.

[67] LUCK S J, VOGEL E K. Visual working memory capacity: from psychophysics and neurobiology to individual differences

[J]. *Trends in cognitive sciences*, 2013, 17 (8): 391-400.

[68] MA W J, HUSAIN M, BAYS P M. Changing concepts of working memory [J]. *Nature Neuroscience*, 2014, 17 (3): 347-356.

[69] MACLEOD C, CLARKE P J. Theattentional bias modification approach to anxiety intervention [J]. *Clinical Psychological Science*, 2015, 3 (1): 58-78.

[70] MACLEOD C, KOSTER E H, FOX E. Whither cognitive bias modification research? Commentary on the special section articles [J]. *Journal of Abnormal Psychology*, 2009, 118 (1): 89-99.

[71] MACLEOD C, MATHEWS A. Cognitive bias modification approaches to anxiety [J]. *Annual Review of Clinical Psychology*, 2012, 8: 189-217.

[72] MACMILLAN N A, KAPLAN H L. Detection theory analysis of group data: estimating sensitivity from average hit and false-alarm rates [J]. *Psychological Bulletin*, 1985, 98 (1): 185-199.

[73] MAKOVSKI T, WATSON L M, KOUTSTAAL W, et al. Method matters: systematic effects of testing procedure on visual working memory sensitivity [J]. *Journal of Experimental Psychology: Learning, Memory, and Cognition*, 2010, 36 (6): 1466 -

1479.

[74] MATHER M, SUTHERLAND M. Disentangling the effects of arousal and valence on memory for intrinsic details [J]. *Emotion Review*, 2009, 1: 118-119.

[75] MATHEWS A, MACKINTOSH B. A cognitive model of selective processing in anxiety [J]. *Cognitive Therapy and Research*, 1998, 22 (6): 539-560.

[76] MATSUKURA M, HOLLINGWORTH A. Does visual short-term memory have a high-capacity stage? [J]. *Psychonomic Bulletin & Review*, 2011, 18 (6): 1098-1104.

[77] MATSUKURA M, LUCK S J, VECERA S P. Attention effects during visual short-term memory maintenance: protection or prioritization? [J]. *Attention, Perception, & Psychophysics*, 2007, 69 (8): 1422-1434.

[78] MATTICK R P, CLARKE J C. Development and validation of measures of social phobia scrutiny fear and social interaction anxiety [J]. *Behaviour Research and Therapy*, 1998, 36: 455-470.

[79] MIYAKE A, FRIEDMAN N P. The nature and organization of individual differences in executive functions: Four general conclusions [J]. *Current Directions in Psychological Science*, 2012, 21 (1): 8-14.

[80] MIYAKE A, FRIEDMAN N P, EMERSON M J, et al. The unity and diversity of executive functions and their contributions to complex 'frontal lobe' tasks: A latent variable analysis [J]. *Cognitive Psychology*, 2000, 41 (1): 49-100.

[81] MOGG K, BRADLEY B P. A cognitive-motivational analysis of anxiety [J]. *Behaviour Research and Therapy*, 1998, 36 (9): 809-848.

[82] MOGG K, BRADLEY B P. Anxiety and attention to threat: Cognitive mechanisms and treatment with attention bias modification [J]. *Behaviour Research and Therapy*, 2016, 87: 76-108.

[83] MOGG K, BRADLEY B P, DE BONO J, et al. Time course of attentional bias for threat information in non-clinical anxiety [J]. *Behaviour Research and Therapy*, 1997, 35 (4): 297-303.

[84] MOGOAŞE C, DAVID D, KOSTER E H. Clinical Efficacy of Attentional Bias Modification Procedures: An Updated Meta-Analysis [J]. *Journal of Clinical Psychology*, 2014, 70 (12): 1133-1157.

[85] MORAN T P. Anxiety and working memory capacity: A meta-analysis and narrative review [J]. *Psychological Bulletin*, 2016, 142 (8): 831-864.

[86] MORIYA J, SUGIURA Y. High visual working memory capacity in trait social anxiety [J]. *PloS One*, 2012a, 7 (4): e34244.

[87] MORIYA J, SUGIURA Y. Impairedattentional disengagement from stimuli matching the contents of working memory in social anxiety [J]. *PloS One*, 2012b, 7 (10): e47221.

[88] MORIYA J, SUGIURA Y. Socially anxious individuals with low working memory capacity could not inhibit the goal-irrelevant information [J]. *Frontiers in Human Neuroscience*, 2013, 7: 840.

[89] MORIYA J, TANNO Y. Attentional resources in social anxiety and the effects of perceptual load [J]. *Cognition and Emotion*, 2010, 24 (8): 1329-1348.

[90] MORIYA J, TANNO Y. The time course ofattentional disengagement from angry faces in social anxiety [J]. *Journal of Behavior Therapy and Experimental Psychiatry*, 2011, 42 (1): 122-128.

[91] NARAGON-GAINEY K, PRENOVEAU J M, BROWN T A, et al. A comparison and integration of structural models of depression and anxiety in a clinical sample: Support for and validation of the tri-level model [J]. *Journal of Abnormal Psychology*, 2016, 125 (7): 853-867.

[92] NUMMENMAA L, CALVO M G. Dissociation between recognition and detection advantage for facial expressions: A meta-analysis [J]. *Emotion*, 2015, 15 (2): 243-256.

[93] OEI T P, EVANS L, CROOK G M. Utility and validity of the STAI with anxiety disorder patients [J]. *British Journal of Clinical Psychology*, 1990, 29 (4): 429-432.

[94] PERTZOV Y, BAYS P M, JOSEPH S, et al. Rapid forgetting prevented by retrospective attention cues [J]. *Journal of Experimental Psychology: Human Perception and Performance*, 2013, 39 (5): 1224-1231.

[95] PESSOA L, PADMALA S, MORLAND T. Fate of unattended fearful faces in the amygdala is determined by bothattentional resources and cognitive modulation [J]. *NeuroImage*, 2005, 28 (1): 249-255.

[96] PHILLIPS M R, ZHANG J, SHI Q, et al. Prevalence, treatment, and associated disability of mental disorders in four provinces in China during 2001-05: an epidemiological survey [J]. *The Lancet*, 2009, 373 (9680): 2041-2053.

[97] PRENOVEAU J M, ZINBARG R E, CRASKE M G, et al. Testing a hierarchical model of anxiety and depression in adolescents: A tri-level model [J]. *Journal of Anxiety Disorders*, 2010, 24 (3): 334-344.

[98] QI S, CHEN J, HITCHMAN G, ZENG Q, et al. Reduced representations capacity in visual working memory in trait anxiety [J]. *Biological Psychology*, 2014, 103: 92-99.

[99] QI S, DING C, LI H. Neural correlates of inefficient filtering of emotionally neutraldistractors from working memory in trait anxiety [J]. *Cognitive, Affective & Behavioral Neuroscience*, 2014, 14 (1): 253-265.

[100] QI S, ZENG Q, LUO Y, et al, LI H. Impact of working memory load on cognitive control in trait anxiety: an ERP study [J]. *PloS One*, 2014, 9 (11): e111791.

[101] REINHOLDT-DUNNE M L, MOGG K, BRADLEY B P. Effects of anxiety and attention control on processing pictorial and linguistic emotional information [J]. *Behaviour Research and Therapy*, 2009, 47 (5): 410-417.

[102] ROSEN V M, ENGLE R W. Working memory capacity and suppression [J]. *Journal of Memory and Language*, 1998, 39 (3): 418-436.

[103] SAWAKI R, LUCK S J. Active suppression ofdistractors that match the contents of visual working memory [J]. *Visual Cognition*, 2011, 19 (7): 956-972.

[104] SCHWEIZER S, GRAHN J, HAMPSHIRE A, et al. Training the emotional brain: improving affective control through e-

motional working memory training [J]. *Journal of Neuroscience*, 2013, 33 (12): 5301-5311.

[105] SEGAL A, KESSLER Y, ANHOLT G E. Updating the emotional content of working memory in social anxiety [J]. *Journal of Behavior Therapy and Experimental Psychiatry*, 2015, 48: 110-117.

[106] SHAPIRO K L, MILLER C E. The role of biased competition in visual short - term memory [J]. *Neuropsychologia*, 2011, 49 (6): 1506-1517.

[107] SHEN Y C, ZHANG M Y, HUANG Y Q, et al. Twelve-month prevalence, severity, and unmet need for treatment of mental disorders in metropolitan China [J]. *Psychological Medicine*, 2006, 36 (02): 257-267.

[108] SNYDER H R, MIYAKE A, HANKIN B L. Advancing understanding of executive function impairments and psychopathology: bridging the gap between clinical and cognitive approaches [J]. *Frontiers in Psychology*, 2015, 6: 132040.

[109] SOARES S C, ROCHA M, NEIVA T, et al. Social anxiety under load: the effects of perceptual load in processing emotional faces [J]. *Frontiers in Psychology*, 2015, 6: 125538.

[110] SOTO D, GREENE C M, CHAUDHARY A, et al. Competition in working memory reduces frontal guidance of visual

selection [J]. *Cerebral Cortex*, 2012, 22 (5): 1159-1169.

[111] SOTO D, HEINKE D, HUMPHREYS G W, et al. Early, involuntary top-down guidance of attention from working memory[J]. *Journal of Experimental Psychology: Human Perception and Performance*, 2005, 31 (2): 248-261

[112] SOTO D, HODSOLL J, ROTSHSTEIN P, et al. Automatic guidance of attention from working memory [J]. *Trends in Cognitive Sciences*, 2008, 12 (9): 342-348.

[113] SOTO D, HUMPHREYS G W, ROTSHSTEIN P. Dissociating the neural mechanisms of memory-based guidance of visual selection [J]. *Proceedings of the National Academy of Sciences*, 2007, 104 (43): 17186-17191.

[114] SREENIVASAN K K, JHA A P. Selective attention supports working memory maintenance by modulating perceptual processing ofdistractors [J]. *Journal of Cognitive Neuroscience*, 2007, 19 (1): 32-41.

[115] SREENIVASAN K K, KATZ J, JHA A P. Temporal characteristics of top-down modulations during working memory maintenance: an event-related potential study of the N170 component [J]. *Journal of Cognitive Neuroscience*, 2007, 19 (11): 1836-1844.

[116] STAUGAARD S R. Threatening faces and social anxiety:

a literature review [J]. *Clinical Psychology Review*, 2010, 30 (6): 669-690.

[117] STOUT D M, SHACKMAN A J, JOHNSON J S, et al. Worry is associated with impaired gating of threat from working memory [J]. *Emotion*, 2015, 15 (1): 6-11.

[118] STOUT D M, SHACKMAN A J, LARSON C L. Failure to filter: Anxious individuals show inefficient gating of threat from working memory [J]. *Frontiers in Human Neuroscience*, 2013, 7: 58.

[119] TAMM G, KREEGIPUU K, HARRO J, et al. Updating schematic emotional facial expressions in working memory: Response bias and sensitivity [J]. *Acta Psychologica*, 2017, 172: 10-18.

[120] TANG Y Y, POSNER M I. Attention training and attention state training [J]. *Trends in Cognitive Sciences*, 2009, 13 (5): 222-227.

[121] TAYLOR C T, CROSS K, AMIR N. Attentional control moderates the relationship between social anxiety symptoms and attentional disengagement from threatening information [J]. *Journal of Behavior Therapy and Experimental Psychiatry*, 2016, 50: 68-76.

[122] THOMAS P M, JACKSON M C, RAYMOND J E. A

threatening face in the crowd: effects of emotional singletons on visual working memory [J]. *Journal of Experimental Psychology: Human Perception and Performance*, 2014, 40 (1): 253-263.

[123] VAN BOCKSTAELE B, VERSCHUERE B, TIBBOEL H, et al. A review of current evidence for the causal impact of attentional bias on fear and anxiety [J]. *Psychological Bulletin*, 2014, 140 (3): 682-721.

[124] VAN MOORSELAAR D, THEEUWES J, OLIVERS C N. In competition for theattentional template: Can multiple items within visual working memory guide attention? [J]. *Journal of Experimental Psychology: Human Perception and Performance*, 2014, 40 (4): 1450-1464.

[125] VASSILOPOULOS S P, BANERJEE R. Social interaction anxiety and the discounting of positive interpersonal events [J]. *Behavioural and cognitive psychotherapy*, 2010, 38 (5): 597-609.

[126] VOGEL E K, MACHIZAWA M G. Neural activity predicts individual differences in visual working memory capacity [J]. *Nature*, 2004, 428 (6984): 748-751.

[127] VOGEL E K, WOODMAN G F, LUCK S J. The time course of consolidation in visual working memory [J]. *Journal of Experimental Psychology: Human Perception and Performance*,

2006, 32 (6): 1436-1451.

[128] WOODMAN G F, LUCK S J. Do the contents of visual working memory automatically influenceattentional selection during visual search? [J]. *Journal of Experimental Psychology: Human Perception and Performance*, 2007, 33 (2): 363-377.

[129] WYBLE B, SHARMA D, BOWMAN H. Strategic regulation of cognitive control by emotional salience: A neural network model [J]. *Cognition and Emotion*, 2008, 22 (6): 1019-1051.

[130] XIE W, LI H, YING X, et al. Affective bias in visual working memory is associated with capacity [J]. *Cognition and Emotion*, 2017, 31 (7): 1345-1360.

[131] YANG J, XU X, DU X, et al. Effects of unconscious processing on implicit memory for fearful faces [J]. *PloS One*, 2011, 6 (2): e14641.

[132] YAO N, YU H, QIAN M, et al. Does attention redirection contribute to the effectiveness of attention bias modification on social anxiety? [J]. *Journal of Anxiety Disorders*, 2015, 36: 52-62.

[133] YOON K L, KUTZ A M, LEMOULT J, et al. Working memory in social anxiety disorder: better manipulation of emotional versus neutral material in working memory [J].

Cognition and Emotion, 2017, 31 (8): 1733-1740.

[134] ZHANG W, LUCK S J. Discrete fixed-resolution representations in visual working memory [J]. *Nature*, 2008, 453 (7192): 233-235.